発電・送配電・屋内配線設備早わかり［改訂2版］

大浜 庄司 著

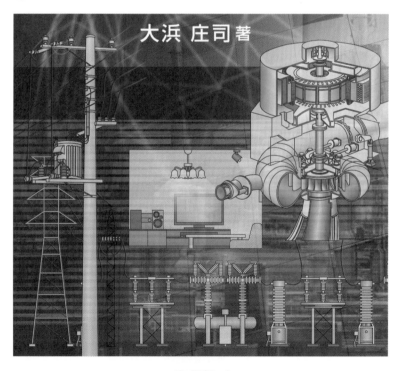

Ohmsha

　この本は，電気が生まれる発電，電気を送る送配電から，その電気を使用する需要家の屋内配線までのしくみについての基礎知識を容易に理解していただくために，**完全図解**により解説した"**入門書**"です．

　この本は，次のように電気が生まれてから使用されるまでのしくみを体系的に解説してあるのが特徴です．

（1）　発電所で生まれた電気が需要家に送られ，屋内配線により使用されるまでの全体のしくみを把握できるように完全イラストによる"**マンガ技法**"により示してあります．

（2）　発電所には，供給されるエネルギーにより，水力発電所，火力発電所，原子力発電所，風力発電所，太陽光発電所などのほかに再生エネルギーによるバイオマス発電，太陽熱発電，地熱発電，海洋発電などの新発電方式があり，それぞれについて"**発電のしくみ**"をやさしく解説してあります．

（3）　発電所で生まれた電気は，電力損失を少なくするために高い電圧で送電線により超高圧変電所，一次変電所，中間変電所を通って，順次電圧を下げながら配電用変電所に送られ，配電線で需要家に給電され，使用されるまでのしくみを知りましょう．

（4）　配電線の柱上変圧器から，需要家に引き込まれた電気は，屋内の分電盤を通って，屋内配線により各部屋の電気器具に給電され，使用されるまでのしくみを解説してあります．

（5）　屋内配線には，分電盤，コンセント，スイッチなどが設けられており，そして，分電盤には，主開閉器として漏電遮断器，分岐開閉器として配線用遮断器が組み込まれているので，それぞれの機能を示してあります．

（6）　屋内照明に関し，照明器具を含め，照明方式，照度計算などを理解しましょう．

（7）　電灯，スイッチ，コンセント設備の設計図，施工図の作成手順，分電盤を含めた施工のしかたを具体的に記してあります．

＊　　　　　　＊　　　　　　＊

　この本は，電気関連の資格を受験される方の入門参考書として，また，専門学校，高専，大学の在学生の学習書として，そして企業内の技術研修のテキストとして，多くの方に活用いただければ，筆者の喜びとするところです．

オーエス総合技術研究所　所長　**大浜　庄司**

完全図解

発電・送配電・屋内配線設備
早わかり［改訂2版］

目　次

第1章

電気の誕生から使用までの基礎知識

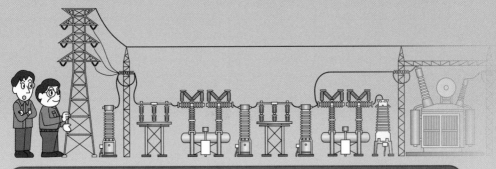

この章のねらい

　この章では，発電・送配電により，電気が生まれ，需要家の屋内配線に送られて，使用されるまでのしくみについての基礎知識を理解していただくために，完全イラストによる"マンガ技法"により示してあります．

（1）　発電所で生まれた電気は，送電線により超高圧変電所，一次変電所，中間変電所を通って，電圧を下げながら配電用変電所に送られ，配電線で需要家に給電され，使用されるまでのしくみを知りましょう．

（2）　発電所には，供給されるエネルギーにより，水力発電所，火力発電所，原子力発電所，風力発電所，太陽光発電所などのほかにバイオマス発電，太陽熱発電，地熱発電，海洋発電などの再生可能エネルギーによる新発電方式があります．

（3）　配電線の柱上変圧器から，需要家に引き込まれた低圧の電気は，屋内の分電盤を通って，屋内配線により各部屋に分かれ，使用されるしくみを知りましょう．

（4）　住宅用分電盤には，主開閉器として漏電遮断器，分岐開閉器として配線用遮断器が組み込まれているので，それぞれの機能を理解しましょう．

（5）　屋内配線には，スイッチ，コンセントが使われており，身近なものですので，知っておくとよいでしょう．

（6）　低圧屋内配線工事の例として，金属管配線，ケーブル配線などについて示してあります．

① 電気が需要家まで送られてくるしくみ

1

発電所 → 送電 → 超高圧変電所 → 送電 → 一次変電所 → 送電 → 中間変電所 → 送電 → 配電用変電所 → 配電 → 柱上変圧器 → 配電 → 住宅（需要家）

S：日常使う電気はどのように送られてくるのですか.
O：発電所で生まれた超高圧の電気は，送電線によりいくつもの変電所を通って電圧を下げながら配電用変電所に送られ配電線で住宅などに来るのだよ.

2

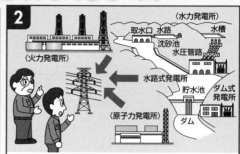

〈火力発電所〉 〈水力発電所〉 取水口 水路 水槽 沈砂池 水圧管路 水路式発電所 貯水池 ダム式発電所 〈原子力発電所〉 ダム

S：発電所には，どのような種類があるのですか.
O：電気を生みだす元となるエネルギーによって火力発電所，水力発電所，原子力発電所などがあるよ.
S：再生可能エネルギーによる発電もありますね.

3

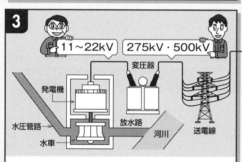

11～22kV　275kV・500kV
変圧器　発電機　放水路
水圧管路　水車　河川　送電線

S：発電所で発電される電気は11～22kVの電圧でこの電圧を発電所内の変圧器で275kV，500kVの超高圧にして送電損失を少なくするのですね.
O：この電気を送電線で超高圧変電所に送るのだよ.

4

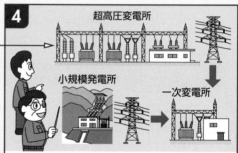

超高圧変電所　小規模発電所　一次変電所

S：超高圧変電所では電圧を154kVに下げて一次変電所に送るのですね.
O：小規模発電所では，一次変電所に154kVの電圧で直接送ることもあるよ.

5

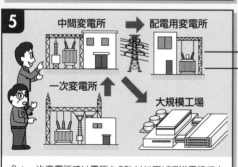

中間変電所　→　配電用変電所
一次変電所　→　大規模工場

S：一次変電所では電圧を66kVに下げて送電線で中間変電所と配電線で大規模需要家に送るのですね.
O：中間変電所では電圧を22kVに下げて，配電用変電所と大規模需要家に送るのだよ.

6

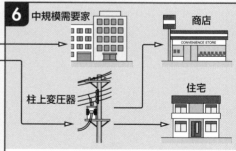

中規模需要家　商店　CONVENIENCE STORE　住宅
柱上変圧器

S：配電用変電所で電圧を6.6kVに下げて配電線で柱上変圧器や中規模需要家に配電するのですね.
O：柱上変圧器で100V・200Vの電圧にして，小規模工場・ビルや商店・住宅に配電するのだよ.

❷ 水力発電は水の力で発電する

1

S：あそこに見えるのは水力発電所ですね.

O：水力発電は水のもつ位置のエネルギーを運動のエネルギーに変えて水車を回し，水車につながる発電機で発電して電気エネルギーを取り出すのだよ.

2

水路式水力発電所　　ダム式水力発電所

沈砂池　　導水路　　　　　貯水池
取水口　　　水槽　　　　　（調整池）
発電所　水圧管路　導水路　　ダム
　　　　　放水路　　　　　放水路　河川
河川　　　　　　　　　発電所

S：取水方式は水路式，ダム式，ダム水路式ですね.

O：河川から水を取り入れて長い水路で落差をつくるのが水路式，河川をせき止めダムをつくるのがダム式，両方を組み合わせるのがダム水路式だよ.

3

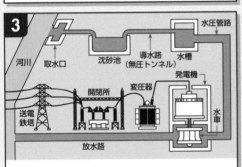

S：水路式水力発電所について教えてください.

O：水路式水力発電所は，取水口，沈砂池，導水路，水槽，水圧管路，水車，放水路，発電機，変圧器，開閉所などで構成され送電線につながるのだよ.

4

S：取水口は河川から水を導水路へ導く設備で，取水中に含まれる土砂を取り除くのが沈砂池ですね.

O：水は導水路を通って水槽に蓄えられ，水槽は負荷変動による使用水量変化を調整するのだよ.

5

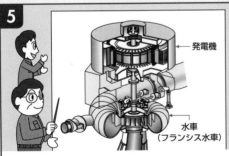

S：水圧管路を通る水の位置のエネルギーを回転する運動エネルギーに変えるのが水車ですね.

O：渦巻き形のケーシングから羽根車に水を導き，その反動で回転するのがフランシス水車だよ.

6

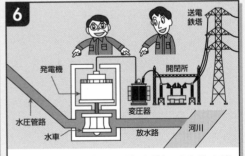

S：水車による運動エネルギーを電気エネルギーに変えるのが水車に直結された発電機ですね.

O：一般に発電機には同期発電機が用いられ，発電した電気を送電に必要な電圧にするのが変圧器だよ.

❸火力発電は火の力で発電する

1

S：あの海の近くに見えるのは火力発電所ですね.
O：火力発電は化石燃料による熱エネルギーでつくった蒸気でタービンを回し，その機械エネルギーで発電機を動かし電気エネルギーをつくるのだよ.

2

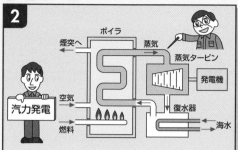

S：汽力発電所を例として説明していただけますか.
O：汽力発電は化石燃料の燃焼ガスで高温・高圧の蒸気をボイラで発生させて蒸気タービンの羽根車を回転させ，直結した発電機で発電するのだよ.

3

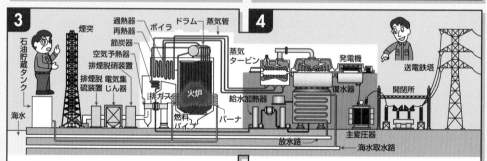

S：汽力発電所はどのような構成になっていますか.
O：燃料取扱設備があり，ボイラ設備，蒸気タービン設備，復水設備，発電機設備，変圧器，開閉所，そして煙突，排煙脱硫装置，電気集じん器などかな.

4

S：燃料取扱設備は石油だと石油貯蔵タンク，天然ガスだと天然ガスタンク，石炭だと貯炭場ですね.
O：ボイラ設備は取扱設備から送られた燃料を燃焼させて得た熱で水を高温・高圧の蒸気とするのだよ.

5

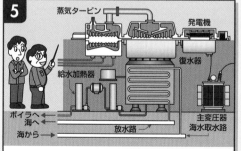

S：蒸気タービン設備はボイラからの蒸気を動翼またはノズルより噴出させてロータを回転させますね.
O：復水設備は蒸気タービンを回した後の蒸気を冷却し水に戻し，ボイラに送り蒸気に変えるのだよ.

6

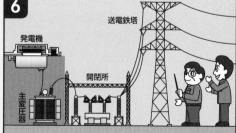

S：発電機設備は蒸気タービンに直結されており，その回転する力で発電し変圧器に送るのですね.
O：変圧器は発電電圧を送電電圧に昇圧し，開閉所を通して送電線へ送るのだよ.

❹ 原子力発電は核分裂の熱で発電する

1

S：原子力発電について教えてください.

O：ウランの核分裂による熱でつくる高温・高圧の蒸気をタービンに送り発電機が発電するもので, 火力発電のボイラを原子炉に替えたものだよ.

2

S：原子力発電所はどう構成されているのですか.

O：蒸気をつくる原子炉, 蒸気の力で回る蒸気タービン, その力で発電する発電機, 変圧器, 開閉所, そして使い終えた蒸気を水に戻す復水器などかな.

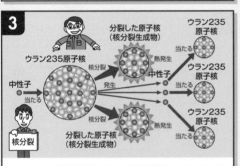

3

S：ウランが核分裂するとなぜ熱が発生するのですか.

O：ウランの原子核が二つ以上の原子核に分裂する核分裂により原子核内の陽子と中性子との結合エネルギーが熱エネルギーになって放出されるのだよ.

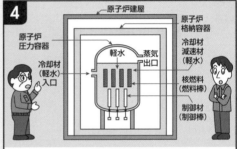

4

S：では原子炉の構成はどうなっているのですか.

O：核分裂反応を起こす燃料棒, 中性子速度を遅くする減速材, 中性子の漏れを減ずる反射材, 熱を運び出す冷却材, 核分裂反応を制御する制御棒かな.

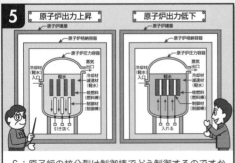

5

S：原子炉の核分裂は制御棒でどう制御するのですか.

O：制御棒は中性子を吸収する性質があり, 制御棒を燃料棒から抜くと吸収される中性子が減少して出力が上昇, 入れると吸収が増えて出力が低下だよ.

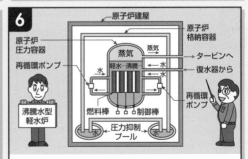

6

S：例として沸騰水型軽水炉の説明をしてください.

O：軽水炉は冷却材, 減速材に軽水(普通の水)を使用し, 核分裂によって水を炉心で沸騰させて発生した蒸気をタービンに送り発電機で発電するのだよ.

13

⑤ 風力発電は風の力で発電する

1

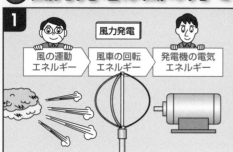

S：風力発電はどんなしくみなのですか.
O：風力発電は風のもつ運動エネルギーを風車で回転
　　エネルギーに変え，この回転エネルギーで発電機
　　を駆動して電気エネルギーにして発電するのだよ.

2

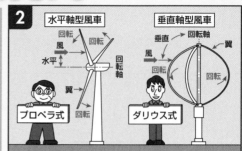

S：風車にはどのような種類があるのですか.
O：風車の回転軸が風の吹く方向に対して平行となる
　　水平軸型風車と，回転軸が風の方向に対して垂直
　　となる垂直軸型風車があるよ.

3

O：水平軸型風車には，プロペラ式，オランダ式など
　　があり，垂直軸型風車にはパドル式，ジャイロミ
　　ル式，ダリウス式などがあるよ.
S：プロペラ式の風車が主流のようですね.

4

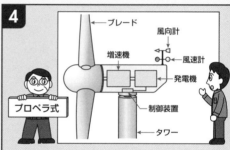

S：プロペラ式風力発電機はどんな構成なのですか.
O：風を受けて回転するブレード，増速機でその回転
　　速度を上げて発電機に伝えて，発電機が発電し，
　　それらを制御する制御装置などからなるよ.

5

- 風速 V の風が垂直な断面積 A を通過する
  ときの空気の体積：AV
- 空気密度m，風速 V の風の単位体積当た
  りの空気の運動エネルギー：$\frac{1}{2}mV^2$
- 断面積 A を単位時間に通過する風のもつ
  運動エネルギー P

$$P = \frac{1}{2}mV^2 \times AV = \frac{1}{2}mAV^3$$

S：風車の運動エネルギーはどう変化しますか.
O：風車の運動エネルギーは，風車の風を受ける面積
　　に比例し，風速の3乗に比例するのだ.
S：風速が2倍になると運動エネルギーは8倍ですね.

6

S：台風などで風速が過大なときはどうするのですか.
O：安全制御システムにより，風車の速度を制御する
　　か，一時的に発電を停止して，風車のブレードの
　　破壊や発電機の焼損がないようにするのだよ.

❻ 太陽光発電は太陽の光で発電する

1

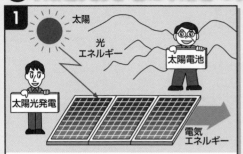

S：太陽光発電はどのような発電方式なのですか.

O：太陽光発電は, 半導体を材料とした太陽電池を用いて, 太陽の光がもつ光エネルギーを直接電気エネルギーに変換する発電方式なのだよ.

2

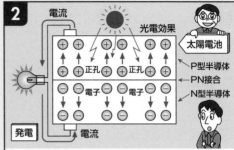

S：太陽電池はどのように電気を生み出すのですか.

O：太陽の光が当たると光電効果で電子と正孔が発生し, 正孔はP型半導体に, 電子はN型半導体に移動し外部に押し出され, 起電力となるのだよ.

3

S：太陽光発電にはどのようなシステムがありますか.

O：独立型と系統連系型があり, 独立型は電気事業者の配電網と接続せず太陽光発電システムだけで電力を供給し, 夜間に備えて蓄電池設備が必要だよ.

4

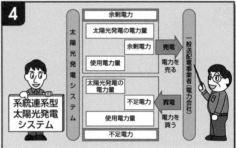

S：系統連系型太陽光発電システムといいますと.

O：系統連系型システムは電気事業者の配電線網と太陽光発電システムを接続して, 発電による余剰電力は電気事業者に売り, 不足電力は買うのだよ.

5

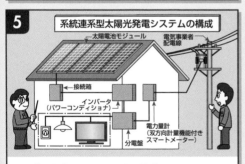

S：太陽光発電システムはどう構成されていますか.

O：太陽電池モジュール, その配線の接続箱, 直流電力を交流に変換するインバータ, 分電盤, 売電・買電を計量する電力量計からなるよ.

6

S：太陽電池モジュールはどう設置するのですか.

O：地上直接設置と建物設置とがあり, 建物設置には屋根置き型, 屋根材に組み込む屋根建材型, 壁設置型, 太陽電池を壁材とする壁建材型があるよ.

❼再生可能エネルギーによる新発電方式

1

S：再生可能エネルギーによる新しい発電方式の例を
　教えていただけますか．

O：そうだな，バイオマス発電，太陽熱発電，地熱発
　電，海洋発電，燃料電池などがあるよ．

2

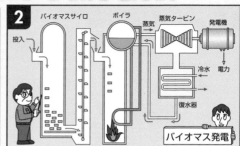

S：それでは，バイオマス発電から教えてください．

O：林地間伐材，稲わらなどの生物由来資源を焼却し，
　その熱で蒸気を発生させてタービンを回し，発電
　機で発電するので，原理は火力発電と同じだよ．

3

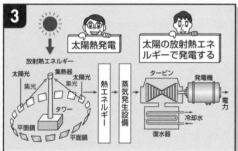

S：太陽熱発電はどのように発電するのですか．

O：太陽光線の放射熱エネルギーを鏡や反射板で集め，
　その熱で水を蒸発させてタービンを回し，発電機
　で発電するので，原理は火力発電と同じだよ．

4

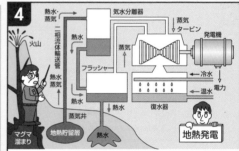

S：地熱発電はどのように発電するのですか．

O：火山活動での高温のマグマ溜まりによる熱で地下
　水が熱せられ，天然の熱水，水蒸気が発生し，こ
　れで直接タービンを回し発電機で発電するのだよ．

5

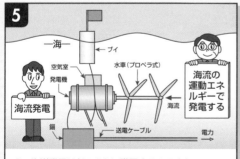

S：海洋発電はどのように発電するのですか．

O：いろいろあるが，地球の自転と偏西風などで生ず
　る海流の運動エネルギーで水車を回し，発電機で
　発電する海流発電がその例だよ．

6

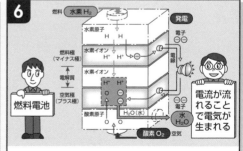

S：燃料電池はどのように発電するのですか．

O：燃料極から水素を送ると，水素は触媒の働きで電
　子を切り離し，その電子が外の電線を通って空気
　極に移動することで電気が生まれるのだよ．

⑧ 送電は発電電力を配電用変電所に送る

1

全国基幹連系系統

S：発電所から配電用変電所まで電力を送るのを送電といい，そこから需要家に届けるのが配電ですね.

O：送電系統は北海道から九州までつながる全国基幹連系系統をもち電力の相互供給を図っているよ.

2

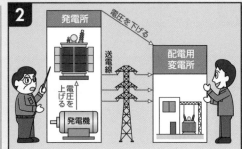

S：送電線は電力損失を少なくするため非常に高い電圧で送電し，需要地近くで電圧を下げるのですね.

O：送電電圧を高くすると同じ電力なら電流が小さくなり電流の2乗に比例して電力損失が減るのだよ.

3

架空送電線

S：送電線には架空送電線と地中送電線がありますね.

O：架空送電線は塔を使って空中に電線を架け渡して電力を送るもので，一方が故障しても他方で電力を供給する2回線送電線が多く用いられているよ.

4

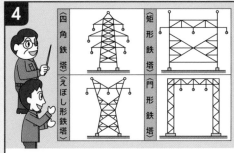

S：架空送電線を支えるのが鉄塔ですね.

O：鉄塔には形状によって主柱の土台が四角の四角鉄塔，土台が長方形の矩形鉄塔，上部が広がるえぼし形鉄塔，門の形をした門形鉄塔などがあるよ.

5

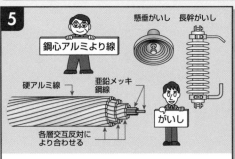

鋼心アルミより線

S：架空送電線の電線は鉄塔の荷重軽減のため鋼心アルミより線で，熱の放散をよくする裸電線ですね.

O：送電線と鉄塔を電気絶縁するのががいしで，懸垂がいし，長幹がいしなどが用いられているよ.

6

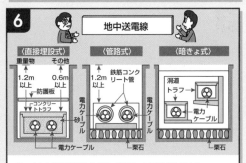

地中送電線

S：地中送電線は大地に埋設した送電線ですね.

O：電力ケーブルをコンクリートトラフなどに納める直接埋設式，鉄筋コンクリート管に埋設する管路式，地下の洞道の中に布設する暗きょ式があるよ.

❾変電所は送配電系統で電圧を変換する

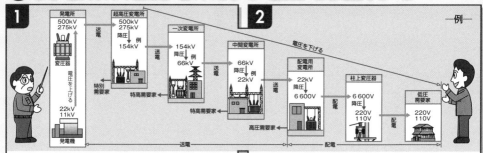

1

発電所
500kV
275kV
送電
変圧器
電圧を上げる
22kV
11kV
発電機

超高圧変電所
500kV
275kV
降圧 例
154kV
送電
特別需要家
特高需要家

一次変電所
154kV
降圧 例
66kV
送電
特高需要家

2

中間変電所
66kV
降圧 例
22kV
送電

配電用変電所
22kV
降圧 例
6 600V
配電
高圧需要家

柱上変圧器
6 600V
降圧
220V
110V
配電

低圧需要家
220V
110V

電圧を下げる

例

送電　　　配電

S：発電所で発電される電力は所内変電所で275kV，
　　500kVに電圧を高くして送電線に送るのですね.
O：発電所からの高い電圧の電力は超高圧変電所に送
　　電されてたとえば，154kVに降圧されるのだよ.

S：超高圧変電所からの154kVの電力は一次変電所
　　に送電されて66kVに降圧されるのですね.
O：一次変電所から中間変電所で22kV，中間変電所
　　から配電用変電所で6.6kVに降圧されるのだよ.

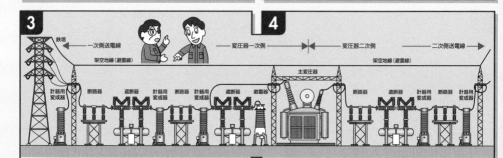

3

鉄塔
一次側送電線
架空地線（避雷線）
計器用変成器　断路器　遮断器　計器用変成器　断路器　計器用変成器　遮断器　避雷器

4

変圧器一次側　　変圧器二次側　　二次側送電線
架空地線（避雷線）
主変圧器
断路器　遮断器　計器用変成器　断路器　計器用変成器

S：変電所の主要設備は断路器，遮断器，計器用変成
　　器，避雷器，変圧器，調相設備，保護継電器ですね.
O：断路器は保守点検時の回路切り離しに，遮断器は
　　短絡事故時の自動遮断に用いるよ.

S：計器用変圧器，変流器の計器用変成器は電圧，電
　　流の変成に，避雷器は雷電圧の制限に用いますね.
O：調相設備は無効電力の制御に用い，保護継電器に
　　は過電流継電器，過電圧継電器などがあるよ.

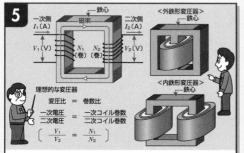

5

一次側
I_1(A)
鉄心
磁束
二次側
I_2(A)
V_1(V)
N_1　N_2
（巻）（巻）
V_2(V)

＜外鉄形変圧器＞
鉄心

＜内鉄形変圧器＞
鉄心

理想的な変圧器

変圧比　＝　巻数比

$$\frac{一次電圧}{二次電圧} = \frac{一次コイル巻数}{二次コイル巻数}$$

$$\left[\ \frac{V_1}{V_2} = \frac{N_1}{N_2}\ \right]$$

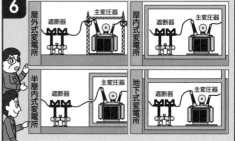

6

屋外式変電所　　遮断器　主変圧器
屋内式変電所　　遮断器　主変圧器
半屋内式変電所　遮断器　主変圧器
地下式変電所　　遮断器　主変圧器

S：変圧器は鉄心とコイルからなり，一次コイルに交
　　流電圧を加えると巻数比に比例した電圧が二次コ
　　イルに生じて電圧の上げ下げができるのですね.
O：変圧器には内鉄形と外鉄形があるよ.

S：変電所の形式で主要設備を屋外に設置するのが屋
　　外式，開閉器のみ屋内に設置が半屋外式ですね.
O：主要設備の屋内設置が屋内式，変圧器のみの屋内
　　設置が半屋内式，すべての地下設備が地下式だよ.

❿配電は需要家に電力を配る

1

O：配電線路には中間変電所からの20kV級の特別高圧配電線路，配電用変電所から高圧需要家・配電用柱上変圧器への高圧配電線路，配電用柱上変圧器から住宅・商店への低圧配電線路があるよ.

2

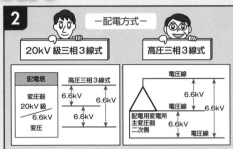

S：配電方式の20kV級三相3線式は配電塔の主変圧器で20kV/6.6kVに降圧して給電するのですね.

O：高圧三相3線式は配電用変電所の主変圧器で22kV/6.6kVに降圧されて高圧需要家に給電だよ.

3

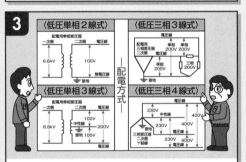

S：配電線路の配電方式としての低圧単相交流方式には，単相2線式と単相3線式がありますね.

O：配電方式としての低圧三相交流方式には，低圧三相3線式，低圧三相4線式などがあるよ.

4

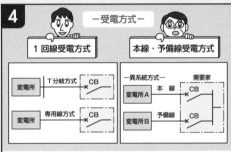

S：配電線路の受電方式の1回線受電方式にはT分岐方式と専用線方式がありますね.

O：需要家が配電用変電所から本線と予備線の2回線で受電するのが本線・予備線受電方式だよ.

5

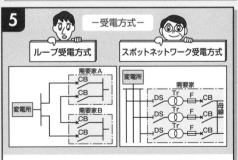

S：受電方式には需要家と配電線路をループ状に構成して常時2回線で受電する方式もありますね.

O：変電所の複数回線からT分岐で引き込むのが，スポットネットワーク受電方式だよ.

6

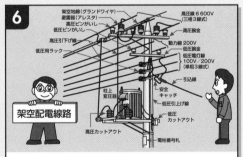

S：配電線路の施設方式には変電所から需要家の引き込みまで支持物を使って空中に電線を架け渡して電力を供給する架空配電線路がありますね.

O：都市中心部では地中配電線路も施設されるよ.

19

⓫電柱から住宅へ電気を引き込む引込線

1

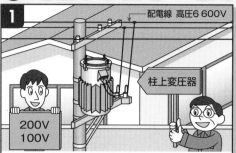

S：住宅などには電気はどう送られてくるのですか.

O：配電線の電柱までは高圧三相6 600Vが送られ
　てきていてね，柱上変圧器で低圧単相の100V,
　200Vに下げて住宅に送られているのだよ.

2

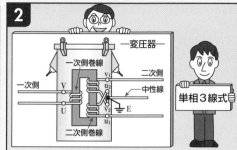

S：柱上変圧器の二次側から3本の電線が出てますね.

O：単相3線式といって変圧器二次側巻線の両端2本
　と中間点から1本の電線を引き出しているのだよ.

S：中間点からの線が中性線で，接地されてますね.

3

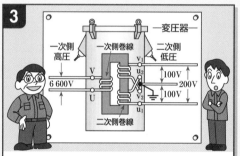

O：中性線と外側の線との間の電圧は100V，外側の
　2線間の電圧は200Vだから，単相3線式は100V
　と200Vの二つの電圧が使用可能なのだよ.

S：住宅のエアコンなどは200Vで使用しますからね.

4

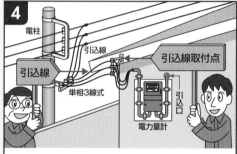

O：配電線の電柱から引き込まれ，初めて住宅に取り
　付ける箇所までの配線を引込線というのだよ.

S：引込線の住宅取付箇所を引込線取付点といい，
　ここまでの配線は一般送配電業者が施工ですね.

5

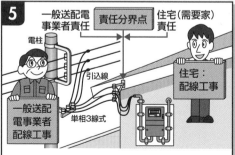

S：引込線取付点以降の配線は，各需要家が電気工事
　業者に依頼して配線工事をするのですね.

O：責任分界点といい引込線取付点までは一般送配電
　事業者が，以降は各需要家が責任をもつのだよ.

6

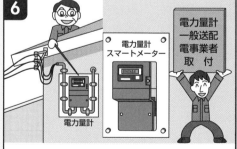

O：引込線取付点以降の屋外にある，家庭の電力使用
　量を計る電力量計（スマートメーター）は，一般送
　配電事業者が取り付けるのだよ.

S：一般送配電事業者はそれで計量するのですね.

⑫スマートメーターは電力使用量を計量する

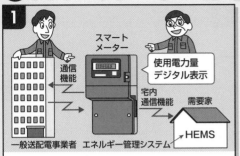

1

S：スマートメーターとはどういうものなのですか.
O：スマートメーターとは，需要家の電力使用量をデジタルで計量する，通信機能をもった電力量計をいうのだよ.

2

- 電力使用量を30分ごとにkWh表示で計量する
- 当月電力使用量〔kWh〕は当月積算電力使用量と前月積算電力使用量との差で求める

S：スマートメーターは，需要家の電力使用量を30分ごとに，kWh表示で計量するのですね.
O：スマートメーターは電力量の積算値表示だから，前月の表示値との差がその月の使用電力量だよ.

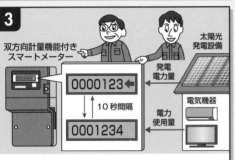

3

双方向計量機能付きスマートメーター
0000123←
10秒間隔
0001234

S：太陽光発電設備設置の場合はどう表示されますか.
O：スマートメーターは10秒間隔で矢印表示のない画面で電力使用量を，矢印のある画面で太陽光発電設備での発電電力量を表示するのだよ.

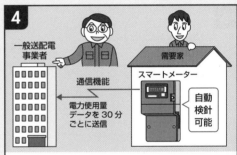

4

O：スマートメーターは30分ごとの電力使用量を通信機能で一般送配電事業者に送信しているのだよ.
S：つまり，遠隔での自動検針が可能ということで，人力での検針作業は不要なのですね.

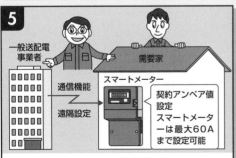

5

S：アンペア制地域では契約アンペア設定が必要ですね.
O：スマートメーターは電流制限機能があり，通信機能により契約アンペア値を遠隔設定できるのだよ.
S：契約アンペア値の設定は60Aまで可能ですね.

6

O：HEMS設置により機器の電力使用量がスマートメーターから30分ごとに送信されるのだよ.
S：時間帯別の電力使用量がモニターで見える化されるので，省エネや節電に役立ちますね.

⑬屋内配線における住宅用分電盤の役割

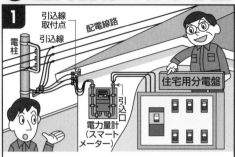

1

S：配電線路の柱上変圧器から配電された電気は引込線取付点，電力量計を通ったらどうなるのですか.

O：電気は屋内に引き込まれて，引込口装置である住宅用分電盤を通って各電気器具に分かれるのだよ.

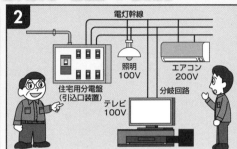

2

S：住宅用分電盤はどのような役割があるのですか.

O：分電盤は建物内で使用されている，それぞれの電気器具に電気を配るのが役割だよ. このように分けて配ると，故障が起きても影響が少ないからね.

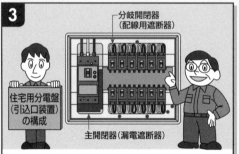

3

S：引込口装置である住宅用分電盤はどのような構成になっているのですか.

O：分電盤は主開閉器としての漏電遮断器と分岐開閉器である多くの配線用遮断器で構成されているよ.

4

S：それでは，主開閉器である漏電遮断器は，どのような役割があるのですか.

O：漏電遮断器は屋内配線や電気器具が漏電したときそれを感知して自動的に電路を遮断するのだよ.

5

S：では，分岐開閉器である配線用遮断器は，どのような役割があるのですか.

O：配線用遮断器は各分岐回路ごとに取り付けられ定格以上の電流が流れると自動的に遮断するのだよ.

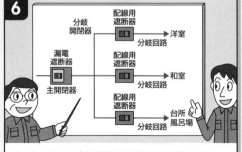

6

S：ところで，分岐回路とはどういう回路ですか.

O：分電盤から各部屋に電灯やコンセントの用途別専用配線をしており，これを分岐回路というのだよ.

S：回路ごとに電気の使い過ぎを防いでいるのですね.

⑭住宅の屋内配線は単相3線式が主流である

1

引込線取付点
引込線
引込口
電力量計（スマートメーター）
分電盤（引込口装置）
電気器具
コンセント
引込口配線
屋内配線

S：引込線取付点から引込口を通って引込口装置である住宅用分電盤までを引込口配線というのですね.
O：住宅用分電盤から，備え付けの電気器具やコンセントに至る配線を屋内配線というのだよ.

2

エアコン
シャンデリア
直管LEDランプ
ブラケット
電気スタンド
掃除機
電気ストーブ
電気時計
ラジカセ
テレビ
アイロン
コンセント
電話器
電気カーペット

S：最近住宅で使用される電気器具の定格電圧は100Vだけでなく，エアコンや電磁調理器などは200Vですが，屋内配線の方式はどうなっていますか.
O：100Vと200Vが使える単相3線式が主流だよ.

3

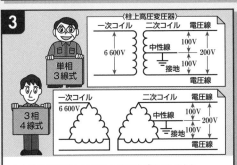

単相3線式
〈柱上高圧変圧器〉
一次コイル　二次コイル　電圧線
6 600V
中性線
100V
200V
接地
100V
電圧線

3相4線式
一次コイル　二次コイル　電圧線
6 600V
中性線
100V
200V
接地
100V
電圧線

S：単相3線式とはどのような方式なのですか.
O：原理的には，高圧単相変圧器二次コイルのまん中の線を中性線として接地し，中性線と電圧線で100V，電圧線2線間で200Vを得るのだよ.

4

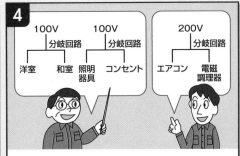

100V　100V
分岐回路　分岐回路
洋室　和室　照明器具　コンセント

200V
分岐回路
エアコン　電磁調理器

S：100Vと200Vはどう使用区分するのですか.
O：100Vは部屋ごとの分岐回路にするか，照明器具とコンセントに分けるか，200Vはエアコン，電磁調理器などそれぞれ専用回路とするかだよ.

5

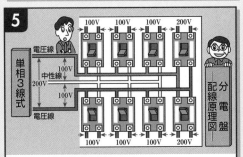

単相3線式
100V　100V　100V　200V
電圧線
中性線
200V
100V
電圧線
100V　100V　100V　200V
分電盤配線原理図

S：分岐回路は住宅用分電盤内ではどう配線しますか.
O：単相3線式では電圧線は線間電圧が200Vだから両側線を，また電圧線と中性線は100Vだから各々を配線用遮断器の入力端子につなぐのだよ.

6

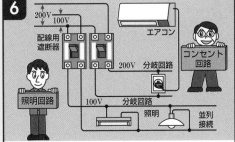

200V
100V
配線用遮断器
エアコン
コンセント回路
200V　分岐回路
照明回路
100V　分岐回路
照明
並列接続

S：電気器具類は分岐回路にどう配線するのですか.
O：電気器具，コンセントは，分岐回路の線間にそれぞれ一つずつ並列に接続して，100V，200Vの電圧が各々にかかるようにするのだよ.

⑮負荷電流の開閉と過電流を防ぐ配線用遮断器

1

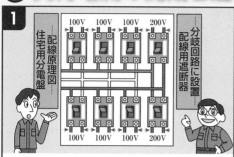

S：住宅用分電盤に取り付けてある配線用遮断器について，その機能と構造を教えてください．

O：配線用遮断器はノーヒューズブレーカーともいい，分岐回路ごとに取り付けて回路を保護するのだよ．

2

O：配線用遮断器の機能は，通常の負荷電流の開閉とともに，電流が流れすぎ，つまり過電流になると自動的に回路を遮断し保護するのだよ．

S：過電流遮断器としての機能があるのですね．

3

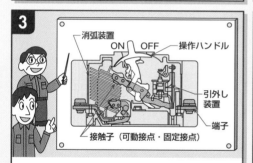

S：配線用遮断器の構造はどうなっているのですか．

O：配線用遮断器は，開閉機構（操作ハンドル・接触子），引外し装置，消弧装置などを絶縁物の容器に一体に組み込んだ構造になっているのだよ．

4

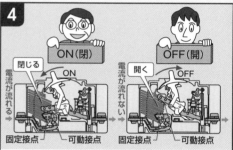

S：どのようにして負荷電流を開閉するのですか．

O：配線用遮断器の操作ハンドルを"ON""OFF"すると，リンク機構，ラッチ機構により接触子の開閉機構に連動し，接触子が開閉するのだよ．

5

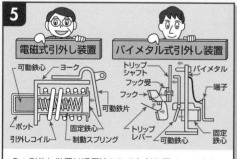

S：引外し装置は過電流になるとどう働くのですか．

O：過電流がコイルに流れると可動鉄心が吸引され，開閉機構が作用し回路を遮断する方式と過電流によるバイメタルの湾曲で検出する方式があるよ．

6

定格電流区分	遮断時間	
	定格電流の1.25倍	定格電流の2倍
30A以下	60分以内	2分以内
30A超過50A以下	60分以内	4分以内
50A超過100A以下	120分以内	6分以内

O：配線用遮断器は定格電流の区分に応じて定格電流の1.25倍と2倍の電流が流れたとき自動的に回路を遮断する時間が決められているのだよ．

S：上掲の表が内線規程に規定されている特性ですね．

⑯ 漏電による感電・火災を防ぐ漏電遮断器

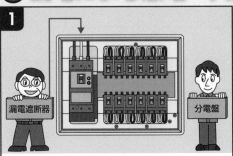

S：引込口装置である住宅用分電盤に取り付けてある
漏電遮断器はどのような機能があるのですか．

O：漏電ブレーカーともいい，漏電すると感電や火災
の原因となるので自動的に電路を遮断するのだよ．

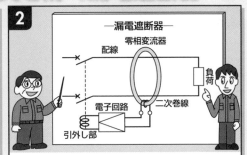

O：漏電遮断器の構成はどうなっているのですか．

S：漏電遮断器は漏電を検出する零相変流器とその信
号を増幅する電子回路，電子回路からの信号を受
けて電路を遮断する引外し部などからなるよ．

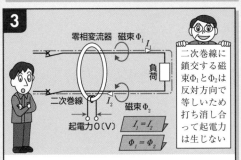

S：正常時の零相変流器はどうなっているのですか．

O：リング状の零相変流器を貫通する配線に流れる電
流I_1とI_2は等しく反対なので磁束は打ち消し合い，
二次巻線に起電力が生じないのだよ．

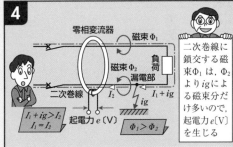

S：零相変流器取付部以後の漏電ではどうなりますか．

O：漏電部に入る電流はI_1＋漏電電流igとなり，漏
電部から出る電流はI_2だから，その差igの磁束
により，二次巻線に起電力を生じるのだよ．

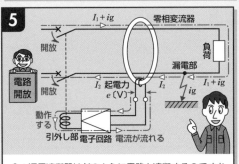

S：漏電遮断器はどのように電路を遮断するのですか．

O：漏電の信号である零相変流器の二次巻線に生じた
起電力を電子回路で増幅して，引外しコイルに印
加し遮断部を開放して，電路を遮断するのだよ．

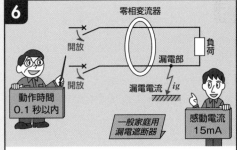

O：漏電を検出してから電路を遮断するまでの時間と
検出される漏れ感度電流はどのくらいですか．

S：一般住宅の漏電遮断器は，たとえば動作時間0.1
秒以内，感度電流15mAというところかな．

⓱照明を入切するスイッチ

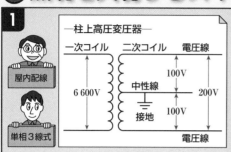

1

S：単相3線式の屋内配線で照明を付けたり消したり
　するスイッチには，どんな種類がありますか.
O：そうだな，片切スイッチ，両切スイッチ，3路ス
　イッチなどがよく使われているよ.

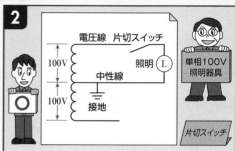

2

S：片切スイッチとはどういうスイッチですか.
O：単相100Vの照明では電源配線2本のうち電圧線
　だけ入切するので片切スイッチというのだよ.
S：電圧線を切れば器具に電圧がかかりませんね.

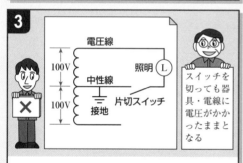

3

S：片切スイッチで中性線を入切してもよいですか.
O：スイッチを切れば，電流が流れず照明は消えるが,
　器具や電線に電圧がかかった状態のままなので,
　人が触れると感電するおそれがあるのだよ.

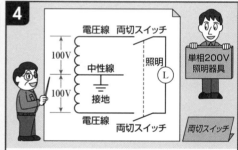

4

S：両切スイッチとはどういうスイッチですか.
O：単相200Vの照明では電源配線2本が電圧線で,
　両方を入切するので，両切スイッチというのだよ.
S：片切だと照明は消えても電圧がかかりますね.

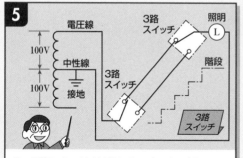

5

S：3路スイッチとはどういうスイッチですか.
O：階段の上と下とか，部屋の入口と出口とか，2か
　所から照明を入切するのが3路スイッチだよ.
S：ということは3路スイッチを2個用いるのですね.

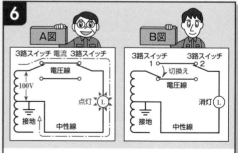

6

S：3路スイッチはどのように操作するのですか.
O：A図で照明に電流が流れて点灯しているとき，B
　図のようにスイッチ1，2のどちらかを切り換え
　ると，電流が流れず消灯するのだよ.

⑱電気器具に電源を供給するコンセント

S：単相100V屋内配線の住宅では，どのようなコンセントが使われていますか。

O：そうだな，定格電圧125V，定格電流15Aのコンセントが，一般に使われているよ。

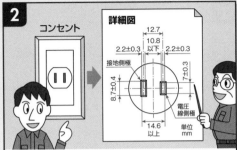

S：住宅でよく見られるコンセントは，細長い差し込み口が二つありますね。

O：取付面からみて右側の差し込み口の幅が7mmで電圧線側，左側が約9mmで中性線（接地）側だよ。

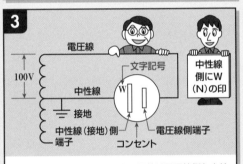

S：単相100Vのコンセントの配線は電圧線側と中性線（接地）側を間違えないようにするのですね。

O：コンセントの中性線（接地）側端子にはWあるいはNの文字記号が付いているのだよ。

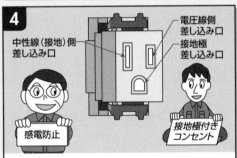

S：住宅に施設するコンセントは，接地極付きコンセントを使用するよう推奨されていますね。

O：家電製品が漏電した場合，地絡電流が人体を通じて大地に流れる感電事故を防止するのだよ。

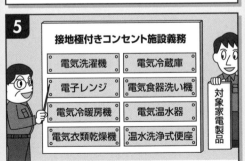

O：電気洗濯機，電気冷蔵庫，電子レンジ，電気食器洗い機，電気冷暖房機，電気温水器などは接地極付きコンセントの施設が義務付けられているよ。

S：内線規程に規定されているのですね。

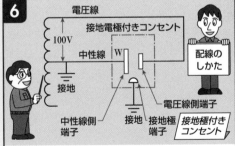

S：接地極付きコンセントはどう配線するのですか。

O：単相100Vの電圧線をコンセントの電圧線側端子に，中性線をコンセントの中性線側端子に，接地極をコンセントの接地極端子に接続するのだよ。

⓲LED照明は発光ダイオードの発光による

1 LED（発光ダイオード）の発光原理

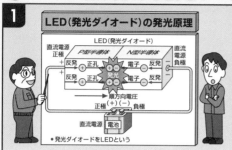

- S：LEDは正電荷（正孔）をもつP型半導体と負電荷（電子）をもつN型半導体を結合したものですね.
- O：LEDに順方向電圧を加えると電子が移動して正孔と再結合しそのエネルギーが光に変換するのだよ.

2 砲弾型LED構造図

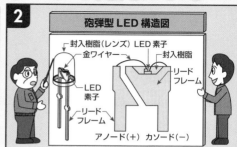

- S：LEDの構造には砲弾型と表面実装型がありますね.
- O：砲弾型はリードフレームのカップ内にLED素子を実装し，金ワイヤーでリードフレーム電極に接続して樹脂で封入し砲弾型に樹脂成型するのだよ.

3 表面実装型LED構造図

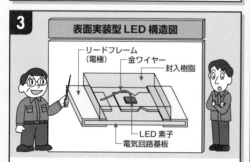

- O：表面実装型は金属電極付きの基板上にLED素子を実装し，金ワイヤーでLED素子と電極とを接続し蛍光体の入った樹脂で封入成型するのだよ.
- S：LED素子を電気回路基板に実装するのですね.

4 チップオンボードLED構造図

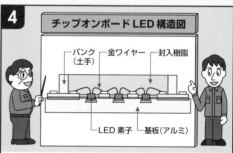

- O：表面実装型の発展型として多数のLED素子を一つのパッケージに並べて，アルミ基板などに直接実装したものをチップオンボードというのだよ.
- S：この場合基板に放熱器を取り付けるとよいですね.

5

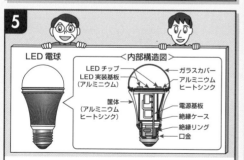

- O：LED電球は，LED実装基板，電源基板，電気回路からの発熱を逃がすヒートシンク，絶縁リング，口金などから構成されているのだよ.
- S：LED照明電源は交流を直流に変換するのですね.

6 直管LEDランプ構造図

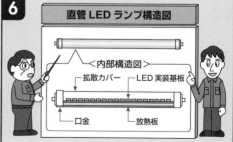

- O：直管LEDランプはLED実装基板，放熱板，拡散カバー，口金からなり，電源は内蔵と外付けがあるよ.
- S：蛍光灯タイプのLEDランプには直管形と丸形があり，光色は昼光色，昼白色，電球色があるよ.

⑳住宅における各部屋の照明のポイント

1

S：私たちが日常快適な暮らしをするための住宅の照明はどうすればよいのか知りたいですね.

O：部屋の使用目的によって異なるから, この家の各部屋をこれから一緒に回ってみることにしよう.

2

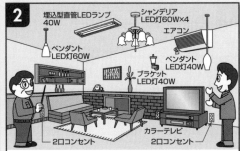

埋込型直管LEDランプ 40W
シャンデリア LED灯60W×4
エアコン
ペンダント LED灯60
ペンダント LED灯40W
ブラケット LED灯40W
2口コンセント
カラーテレビ
2口コンセント

S：洋室の居間の照明は全般照明を用い, 壁照明はペンダントなどの局部照明にしていますね.

O：使用する電気器具が多いので, コンセントは10畳で5か所設けてあるよ.

3

直付け型 直管LEDランプ 20W×4
シーリングライト LED灯40W
2口コンセント
和風ペンダント LED灯 40W
エアコン (床置型ヒートポンプ)

S：隣の和室の8畳の部屋は中央の天井に照明があり, 全般照明になっていますね.

O：ここの照明はシンプルで落ちついているね. 床の間の局部照明が効果的だよ.

4

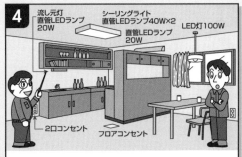

流し元灯 直管LEDランプ 20W
シーリングライト 直管LEDランプ40W×2
直管LEDランプ 20W
LED灯100W
2口コンセント
フロアコンセント

S：食堂の食卓を照らす照明は影を出さないように, ワット数の大きい器具が使われていますね.

O：コンセントは使い勝手がよいところに6か所あり, 電子レンジは専用回路になっているよ.

5

自在灯具 LED灯30W
直管LEDランプ 20W×2
スタンド
2口コンセント
2口コンセント
電気カーペット

S：子供部屋の照明は全般照明で, 机にスタンドが, そしてベッドに枕元灯が局部照明ですね.

O：コンセントは4か所あるね. 暖房には電気カーペットが敷いてあるのだよ.

6

LED灯60W
LED灯 40W
LED灯 40W
2口コンセント
2口コンセント

S：廊下, 階段の照明は人が通る細長い所なので, 明るさのムラや暗い影がないようにしてありますね.

O：照明は部屋の入口とか廊下の曲がり角, 階段の付近に設けてあるのがわかるだろう.

㉑低圧屋内配線工事の施設場所

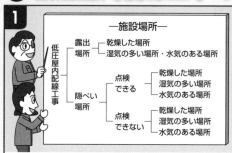

1

―施設場所―

低圧屋内配線工事

露出場所 ― 乾燥した場所
　　　　　 湿気の多い場所・水気のある場所

隠ぺい場所
　点検できる ― 乾燥した場所 / 湿気の多い場所 / 水気のある場所
　点検できない ― 乾燥した場所 / 湿気の多い場所 / 水気のある場所

S：低圧屋内配線はどんな場所に施設されるのですか.
O：露出場所・点検できる隠ぺい場所・点検できない隠ぺい場所があり，それぞれ乾燥した場所・湿気の多い場所・水気のある場所があるのだよ.

2

天井裏 点検できる隠ぺい場所 / 点検口 / 点検できる隠ぺい場所 / 戸棚 / 壁点検できない隠ぺい場所 / 湿気の多い場所 / 浴室水気のある場所 / 押入 / 露出場所 / 点検できない隠ぺい場所 / 点検できない隠ぺい場所 / 浴槽 / コンクリート / 床下 湿気の多い場所

S：露出場所とは屋内の天井の下面，壁面などですね.
O：点検できる隠ぺい場所とは戸棚または押入，点検口がある天井裏などで，点検できないのは床下，壁内，天井ふところ，コンクリートの中などかな.

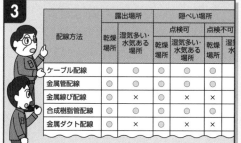

3

配線方法	露出場所		隠ぺい場所			
			点検可		点検不可	
	乾燥場所	湿気多い・水気ある場所	乾燥場所	湿気多い・水気ある場所	乾燥場所	湿気水
ケーブル配線	◎	◎	◎	◎	◎	◎
金属管配線	◎	◎	◎	◎	◎	◎
金属線ぴ配線	◎	×	◎	×	×	×
合成樹脂管配線	◎	◎	◎	◎	◎	◎
金属ダクト配線	◎	×	◎	×	×	×

S：湿気が多く水気のある場所として浴室とか洗面所，台所，床下などがありますね.
O：低圧屋内配線工事には種類があるがそれぞれの施設場所に適した工事方法が決められているのだよ.

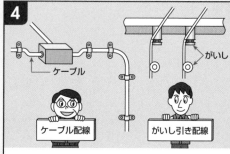

4

ケーブル / がいし
ケーブル配線 / がいし引き配線

S：低圧屋内配線工事にはどんな工事があるのですか.
O：ケーブル配線は露出場所，隠ぺい場所でも施工可能なので一般住宅の屋内配線に使われているよ.
S：がいし引き配線は現在ではまず使われないですね.

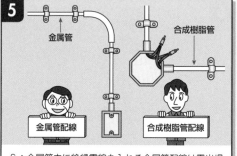

5

金属管 / 合成樹脂管
金属管配線 / 合成樹脂管配線

S：金属管内に絶縁電線を入れる金属管配線は露出場所，隠ぺい場所でも施工可能ですね.
O：合成樹脂管内に絶縁電線を入れる合成樹脂管配線も露出場所，隠ぺい場所に施工可能だよ.

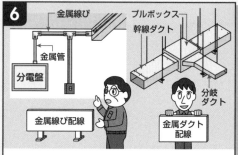

6

金属線ぴ / プルボックス / 幹線ダクト / 金属管 / 分電盤 / 分岐ダクト / 金属線ぴ配線 / 金属ダクト配線

O：露出場所，隠ぺい場所の乾燥した場所のみに施設できる例には，線ぴまたはダクト内に絶縁電線を入れる金属線ぴ配線，金属ダクト配線があるよ.
S：ともに露出配線として用いられていますね.

㉒金属管配線は金属管に電線を入れ配線する

1

S：金属管配線とは，どういう配線工事なのですか.
O：コンクリート内に埋め込むか，造営材の面に固定した金属管の中に電線を入れて施設し，露出場所はもちろん隠ぺい場所にも工事可能なのだよ.

2

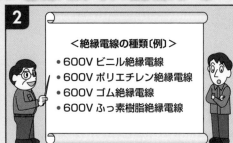

＜絶縁電線の種類〔例〕＞
• 600V ビニル絶縁電線
• 600V ポリエチレン絶縁電線
• 600V ゴム絶縁電線
• 600V ふっ素樹脂絶縁電線

S：金属管配線ではどのような電線を用いるのですか.
O：絶縁電線が使用されているのだよ．屋外用ビニル絶縁電線は除くがね．そして，より線を使用するが，直径3.2mm以下のものは単線が使えるのだよ.

3

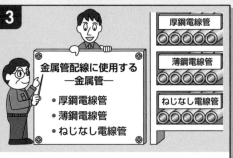

金属管配線に使用する
—金属管—
• 厚鋼電線管
• 薄鋼電線管
• ねじなし電線管

厚鋼電線管
薄鋼電線管
ねじなし電線管

S：金属管には，どのような種類があるのですか.
O：厚鋼電線管，薄鋼電線管，ねじなし電線管かな．管の厚さは，コンクリートに埋め込むものは1.2mm以上，それ以外は1mm以上となっているよ.

4

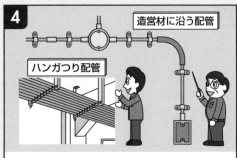

造営材に沿う配管
ハンガつり配管

S：金属管配線はどのように施工するのですか.
O：露出配管工事では造営材側面か下面に沿って施設する場合と，はり下などにハンガなどでつって配管する場合があり，水平か垂直に施工するのだよ.

5

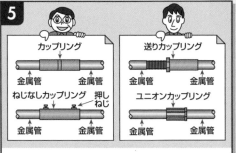

カップリング
金属管　金属管
ねじなしカップリング　押しねじ
金属管　金属管
送りカップリング
金属管　金属管
ユニオンカップリング
金属管　金属管

S：金属管相互の接続はどのように行うのですか.
O：カップリングかねじなしカップリングを用いるか，金属管を回すことができないときは送りカップリングかユニオンカップリングを用いるとよいよ.

6

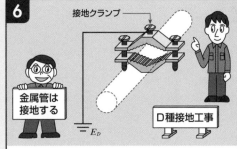

接地クランプ
金属管は接地する
E_D
D種接地工事

S：金属管中の電線の絶縁劣化で漏電が生じますね.
O：金属管と附属品は接地して，使用電圧が300V以下ならD種接地工事を施し，金属管と接地線との接続は接地クランプなどを用いるとよいよ.

㉓ケーブル配線はケーブルを用いて配線する

1

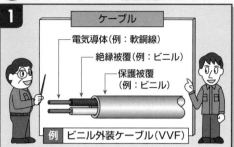

S：ケーブルとは，どういうものですか．
O：電気導体を絶縁物で被覆し，その上を保護層で被覆した電線をケーブルというのだよ．
S：ケーブルを用いた配線工事がケーブル配線ですね．

2

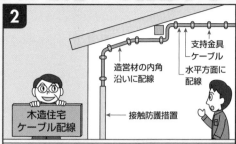

S：低圧屋内配線では，ケーブル配線はどのようなところに施設されるのですか．
O：たとえば，平形ビニル外装ケーブル配線は，住宅の配線などによく用いられているよ．

3

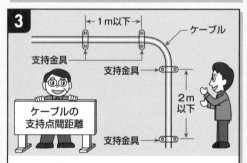

S：ケーブルを露出場所で造営材に沿って施設する場合，どのくらいの支持点間距離をとるのですか．
O：2m以下とするのだよ．造営材の側面，下面において，水平方向に施設するものは1m以下かな．

4

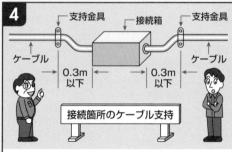

S：接触防護措置を施していない場合は，ケーブルの支持間の距離は1m以下ですね．
O：ケーブル相互，ケーブルとボックスおよび器具との接続箇所では，接続箇所から0.3m以下だよ．

5

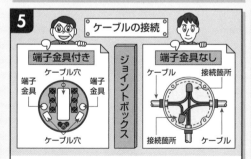

S：ケーブルの接続は，どのように行うのですか．
O：ケーブル相互の接続は，ジョイントボックス，アウトレットボックス，キャビネットなどの内部で行うか，適当な接続箱を使用するとよいよ．

6

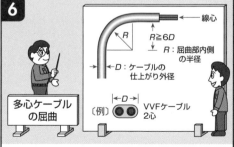

S：ケーブルはどのくらい屈曲してもよいのですか．
O：屈曲する場合は被覆を損傷しないようにし，その屈曲部の内側の半径はケーブルの仕上がり外径の6倍以上，単心では8倍以上とするとよいよ．

第2章

発電設備・送配電設備の基礎知識

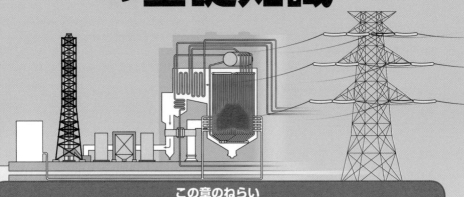

この章のねらい

　この章では，発電設備・送配電設備についての基礎知識を容易に理解していただくために，完全図解により示してあります．

（1）　私達が日常使用している電気は，発電所で生まれ，送電線・配電線により送られてくることを知りましょう．

（2）　水の力で発電する水力発電，風の力で発電する風力発電，太陽の光で発電する太陽光発電などは，再生可能エネルギーによる発電であることを知りましょう．

（3）　石炭，石油，天然ガスの燃焼により発電する火力発電は，限りある化石燃料により発電されることを理解しましょう．

（4）　原子力発電は，ウラン原子の核分裂による熱で蒸気をつくって，タービンを回し，発電機で発電することを知りましょう．

（5）　再生可能エネルギーによる新発電方式には，バイオマス発電，太陽熱発電，地熱発電，海洋発電，燃料電池などがあることを理解しましょう．

（6）　発電所で発電された電気は，途中変電所で電圧を下げながら，送電線により配電用変電所に送られることを知りましょう．

（7）　変電所には，超高圧変電所，一次変電所，中間変電所，配電用変電所があり，順次電圧が降圧されます．

（8）　配電用変電所からの電気は，途中変圧器で低圧に降圧しながら，配電線により一般需要家に給電（第3章参照）されることを知りましょう．

絵でみる　電気が発電所から需要家に送られる

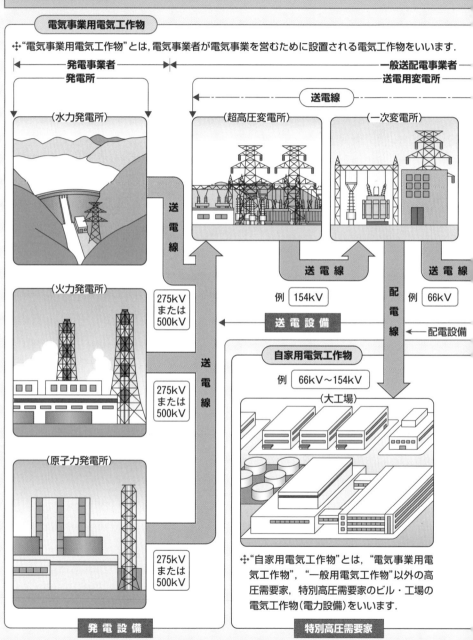

電気事業用電気工作物

❖"電気事業用電気工作物"とは，電気事業者が電気事業を営むために設置される電気工作物をいいます．

発電事業者
発電所

〈水力発電所〉

〈火力発電所〉

〈原子力発電所〉

275kVまたは500kV

275kVまたは500kV

275kVまたは500kV

送電線

発電設備

一般送配電事業者
送電用変電所

送電線

〈超高圧変電所〉　　〈一次変電所〉

送電線　　　　　　送電線

例 154kV　　　　　例 66kV

送電設備

配電線　←　配電設備

自家用電気工作物

例 66kV〜154kV

〈大工場〉

❖"自家用電気工作物"とは，"電気事業用電気工作物"，"一般用電気工作物"以外の高圧需要家，特別高圧需要家のビル・工場の電気工作物（電力設備）をいいます．

特別高圧需要家

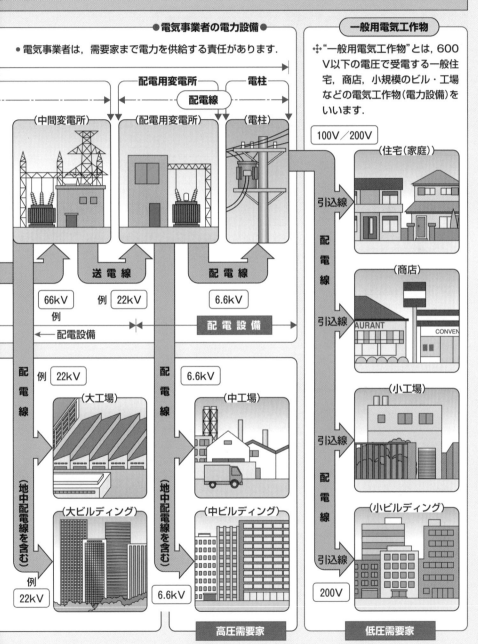

●電気事業者の電力設備●

一般用電気工作物

- 電気事業者は，需要家まで電力を供給する責任があります．

❖ "一般用電気工作物"とは，600V以下の電圧で受電する一般住宅，商店，小規模のビル・工場などの電気工作物（電力設備）をいいます．

配電用変電所　　電柱

配電線

（中間変電所）　（配電用変電所）　（電柱）

100V／200V

（住宅（家庭））

引込線

送　電　線　　　　配　電　線

66kV　　例　22kV　　　6.6kV

例

配電設備

配電設備

（商店）

引込線

配電線

例 22kV　　　6.6kV

配電線

配電線

（大工場）　　　　　（中工場）

（小工場）

引込線

配電線

（地中配電線を含む）　（地中配電線を含む）

（大ビルディング）　（中ビルディング）

（小ビルディング）

引込線

例

22kV　　　　　　6.6kV　　　　　　200V

高圧需要家　　　　　低圧需要家

1 電気が需要家まで送られてくるしくみ

1 日常使用している電気は発電所で生まれる

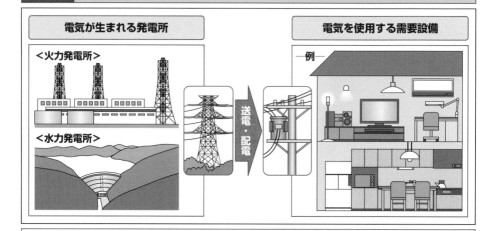

電気が生まれる発電所

＜火力発電所＞

＜水力発電所＞

送電・配電

電気を使用する需要設備

—例—

電気が発電所から需要設備に送られてくるまでの長い旅　　—38・39ページ参照—

- ❖私たちが毎日使っている電気は，発電所からいろいろな電気設備を経て送られてきています．
- ❖発電所からの電気は，275kV，500kVの超高電圧で，送電線によりいくつもの変電所を通って電圧を下げながら配電用変電所に送られ，配電線により工場・ビルや商店・住宅の需要家に給電されます．これを**電力系統**といいます．
- ●電気が生まれる発電所には，水力発電所，火力発電所，原子力発電所などがあります．
- ●**送電**とは発電所から変電所，変電所から変電所へ電気を送ることで，電線を**送電線**といいます．
- ●**配電**とは，変電所から需要家へ電気を送ることで，使用する電線を**配電線**といいます．
- ❖発電所で発電される電気は，11kV・22kVの電圧で，これを発電所内の変圧器で275kV，

500kVの電圧にし超高圧変電所に送ります．
- ●超高圧変電所では，電圧をたとえば154kVに下げて一次変電所に送ります．小規模な発電所では，直接一次変電所に154kVで送ります．
- ●一次変電所では，電圧を，たとえば66kVにして中間変電所に送電し，大規模工場・ビルに配電します．
- ●中間変電所では，たとえば22kVに降圧し，大規模工場・ビルに配電します．
- ●また，中間変電所では22kVに降圧した電気を配電用変電所に送り，配電用変電所で6.6kVに降圧して配電線の柱上変圧器に送るとともに，直接中規模工場・ビルに配電します．
- ●柱上変圧器で100V，200Vに降圧されて小規模工場・ビルや商店・住宅に配電されます．

2 | 電力系統における 電気工作物は危険度で区分する

電力系統における電気工作物の区分

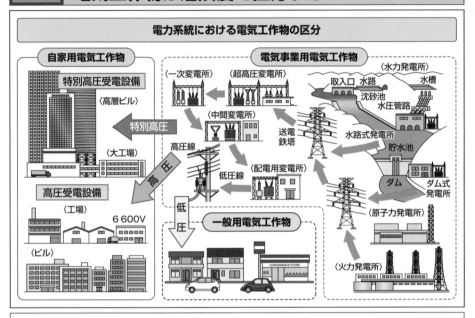

電力系統では電気事業用電気工作物・自家用電気工作物・一般用電気工作物に区分される

❖電力系統における電気工作物（電気設備）とは，発電，変電，送電，配電または電気の使用のために設置する機械，器具，ダム，水路，貯水池，電線路その他の工作物をいいます．

❖電力系統における電気工作物は，公共の安全を確保する観点から電気工作物としての危険度に応じて区分されます（34・35 ページ参照）．

● 危険度が高い電気工作物は"事業用電気工作物"として一括し，危険度が比較的低い電気工作物は"一般用電気工作物"として区分されます．

● 事業用電気工作物は"電気事業用電気工作物"と"自家用電気工作物"に区分されます．

❖電気事業用電気工作物とは，電気事業の用に供する電気工作物をいいます．

● 電気事業者には，北海道，東北，東京，中部，北陸，関西，中国，四国，九州，沖縄の 10 電力会社が含まれます．

❖自家用電気工作物とは，電気事業者から特別高圧，高圧で受電する需要家（工場・ビルなど）の受電設備をいいます．

● 自家用電気工作物には，受電容量に関係なく特別高圧で受電する"特別高圧受電設備"と高圧で受電する"高圧受電設備"があります．

❖一般用電気工作物とは，電気事業者から 600 V 以下（例：100 V，200 V）の電圧で受電する需要設備（例：小規模工場・ビル，商店，住宅）および小出力発電設備をいいます．

❖小出力発電設備には，次の設備が該当します．

● 太陽電池発電設備：出力 50 kW 未満

● 風力発電設備：出力 20 kW 未満

● 水力発電設備：出力 20 kW 未満
　―最大使用水量毎秒 1 m^3 未満―

● 火力発電設備（内燃力）：出力 10 kW 未満

● 燃料電池発電設備：出力 10 kW 未満

3 発電・送電・変電系統図

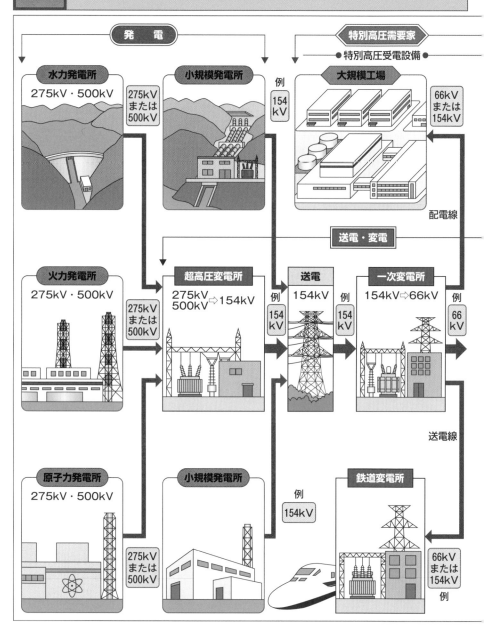

4 配電・変電系統図

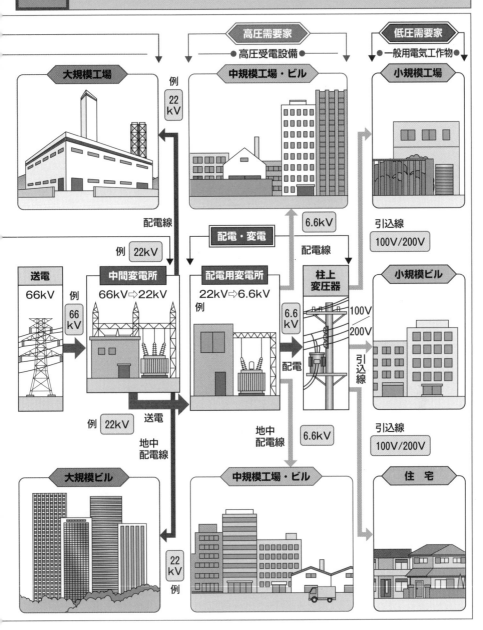

高圧需要家
●高圧受電設備●

低圧需要家
●一般用電気工作物●

大規模工場

中規模工場・ビル

小規模工場

例 22 kV

配電線

例 22kV

6.6kV

配電・変電

配電線

引込線

100V/200V

送電
66kV

例 66 kV

中間変電所
66kV⇨22kV

配電用変電所
22kV⇨6.6kV
例

6.6 kV

柱上変圧器

小規模ビル

100V
200V

引込線

例 22kV

送電

地中配電線

配電

地中配電線

6.6kV

引込線
100V/200V

大規模ビル

中規模工場・ビル

住 宅

22 kV
例

5 発電所で三相交流を発電し送電・配電する

直流・交流（単相交流・三相交流）

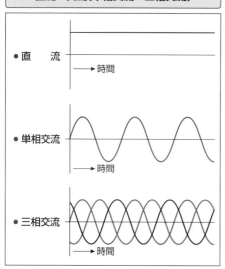

- 直　　流
  → 時間
- 単相交流
  → 時間
- 三相交流
  → 時間

三相交流は単相交流に比べ電線が1/2になる

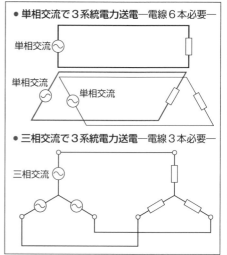

- 単相交流で3系統電力送電—電線6本必要—
  単相交流
  単相交流
  単相交流

- 三相交流で3系統電力送電—電線3本必要—
  三相交流

なぜ発電・送電・配電の電力系統では三相交流が用いられるのか

❖電気には，直流と交流の2種類があります．
- **直流**とは，時間が経過しても大きさと向きが変わらない電気をいいます．
- **交流**とは，時間の経過とともに大きさと向きが周期的に変わる電気をいいます．

❖電力系統において，発電所で発電され需要家に送電または配電される電気は交流です．
- 交流が用いられるのは，交流は変圧器で簡単に電圧を変えられますが，直流は難しいからです．

❖交流には，単相交流と三相交流があります．
- 発電所で発電される交流は，単相交流を三つ組み合わせた三相交流です．

❖三相交流が用いられるのは次の理由によります．
- 3系統に単相交流で電力を送電または配電するには6本の電線が必要ですが，三相交流では，半分の3本で電力を送電または配電できます．
- 三相交流の3本の送電線または配電線のうち，

どの2本を選んでも同じ電圧の単相交流を取り出すことができます．
- 三相交流は，回転磁界を容易につくることができ，電動機を回転させるのに好都合です．
- 発電するにあたり，三相交流発電機のほうが，単相交流発電機より高効率です．

❖発電所から送られる交流は，三相交流ですが，配電線の柱上変圧器で単相交流に変えて，一般住宅に配電されます．
- 一般住宅の屋内配線は，二本の電線による単相交流とし，コンセントにプラグを差し込めば，家庭用電化製品が使えるようになっています．

❖電圧は低圧，高圧，特別高圧に区分されます．
- **低圧**：直流750V以下，交流600V以下
- **高圧**：直流750Vを超え7000V以下
  　　　　交流600Vを超え7000V以下
- **特別高圧**：直流・交流とも7000V超過

6 日本では周波数が地域により異なる

正弦波交流の瞬時値と周波数

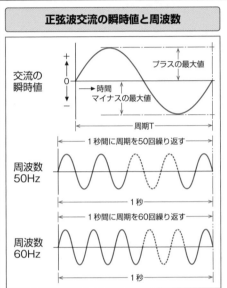

日本の商用電源の周波数

東日本50Hz

糸魚川を境とする

関西　関東

富士川を境とする

西日本60Hz

東日本では 50Hz，西日本では 60Hz の周波数が用いられている

❖交流は時間の経過とともに大きさと方向が変わるので，ある瞬時の値を**瞬時値**といいます．

● この瞬時値の波形が三角関数の正弦定理，つまり sin（サイン）関数に従っているので"**正弦波交流**"と呼称します．

● 正弦波交流の瞬時値が最も大きくなったときの値を"**最大値**"といいます．

● 正弦波交流で，その瞬時値の繰り返しの単位を"**周波**"または"**サイクル**"といい，1周波に要する時間を"**周期**"といって記号 T で表し，単位は t〔秒〕を用います．

● 正弦波交流において，1秒間に交流波形の繰り返される周期の回数を"**周波数**"といい，記号 f で表し，単位は Hz（ヘルツ）を用います．

● 周波数 50Hz とは，1秒間に波形の周期が 50回繰り返されることをいい，60Hz は 1秒間に波形の周期が 60回繰り返されます．

❖一般送配電事業者から需要家に送られてくる電気（商用電源）は同じ交流ですが，地域によって2種類の周波数に分かれています．

● 商用電源の周波数は，静岡県の富士川と新潟県の糸魚川を境に関東地方を含む東日本では 50Hz，関西地方を含む西日本では 60Hz となっています．

● これは明治時代に東京ではドイツ製の 50Hz の発電機を輸入し，大阪ではアメリカ製の 60Hz の発電機を輸入し採用したことによります．

❖現在，沖縄を除く北海道から九州までの電力系統を送電線で結びネットワークを形成し，電力需要の地域的な過不足に対し各電気事業者の供給区域を超えて電力の相互融通を行っています．

● 東日本と西日本では周波数が異なるため，電力の相互融通のために，50Hz と 60Hz の周波数変換所が設けられています．

2 水力発電は水の力で発電する

7 発電はエネルギーの変換による

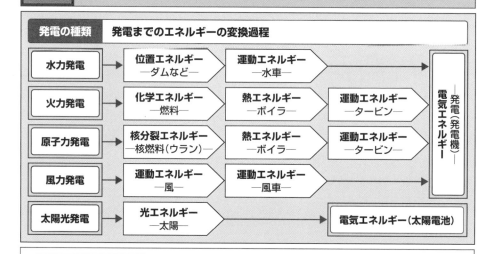

発電の種類	発電までのエネルギーの変換過程

発電の種類には水力・火力・原子力・太陽光・風力などがある

❖ 発電の種類は，水力，火力，原子力，太陽光，風力などがありますが，異なるところは，何のエネルギーを電気エネルギーに変換するかであって，発電のしくみはほぼ同じです.

● **水力発電**は，高い所にある水を低い所に導いて，水の落ちる力，つまり水のもつ位置エネルギーを水車により運動エネルギーに変えて，その水車の回転を発電機に伝えて発電し，電気エネルギーとします.

● **火力発電**は，石油，天然ガス，石炭などの化石燃料の化学エネルギーを燃やして熱エネルギーとし，ボイラで水を蒸気に変え，蒸気の力でタービンを回して運動エネルギーとし，その回転を発電機に伝えて発電し電気エネルギーを取り出します.

● **原子力発電**は，原子炉でウランなどの核燃料の核分裂反応で生じた熱エネルギーにより，ボイラで水を蒸気に変え，蒸気の力でタービンを回して運動エネルギーとし，その回転を発電機に伝えて発電し電気エネルギーを取り出します.

● **太陽光発電**は，太陽光の光エネルギーを半導体を用いた太陽電池で受けて，電気エネルギーに直接変換し取り出します.

● **風力発電**は，空気の流れである風のもつ運動エネルギーで風車を回し，その回転を発電機に伝えて発電し電気エネルギーを取り出します.

● そのほかに，地熱発電，燃料電池発電，海洋発電（潮汐発電，波力発電）などがあります.

8 水力発電は電力消費に合わせ水量を運用する

水力発電の水量運用方式

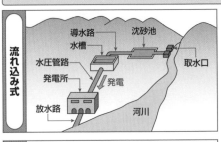

流れ込み式
導水路　沈砂池
水槽
水圧管路
発電所　発電
放水路　取水口
河川

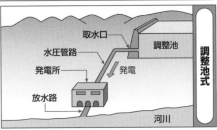

調整池式
取水口
水圧管路　調整池
発電所　発電
放水路
河川

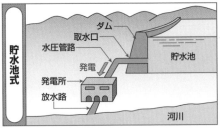

貯水池式
ダム
取水口
水圧管路　貯水池
発電
発電所
放水路
河川

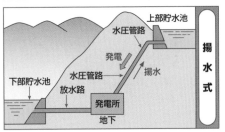

揚水式
上部貯水池
水圧管路
発電
下部貯水池　水圧管路　揚水
放水路
発電所
地下

水力発電の運用方式には流れ込み式・調整池式・貯水池式・揚水式がある

❖水力発電における水量運用方式には，流れ込み式（自流式），調整池式，貯水池式，揚水式の4種類があります．

❖**流れ込み式**は，**自流式**ともいい，河川から水路に引き込んだ水を貯めることなく，自然のまま発電に使用する方式です．

● 他の方式に比べ設備が小さいものが多いです．

● 自然流量の豊水・渇水変化に従って，発電量が増減します．

● 河川水中の土砂が水車を傷つける原因となるので，取水口から導水路に入る前に沈砂池を設け，土砂を沈殿させます．

❖**調整池式**は，水路の途中または河川に調整池を設けて貯めた水を放流して発電する方式です．

● 電力の消費量は，1日・1週間の間にも変化するので，夜間や週末の電力消費の少ないときには発電を控えて，河川水を調整池に貯め込み，

電力消費量の増加に合わせて水量を調整しながら発電します．

● 1日または数日間の水量を調整します．

❖**貯水池式**は，調整池式より大きいダムでせき止めた人造湖などの水を放流し発電する方式です．

● 水量が豊富で電力消費が比較的少ない春秋などに河川水をダム（人造湖）に貯め込み，電力消費量が多い夏季や冬季に放流して発電します．

● 年間を通しての水量を調整します．

❖**揚水式**は，発電所の上部と下部に貯水池などを設け，豊水期または1日のうちの軽負荷時に余剰電力を用いて，下部の貯水池などから上部の貯水池などに水をくみ上げておき，渇水期または1日のうちの電力消費が急増したときに，くみ上げた水を放流して発電する方式です．

● 発電所出力を河川流量の多少にかかわらず大出力にでき，電力需要地点の近くに建設できます．

9 水力発電は河川から取水する

水力発電の取水方式

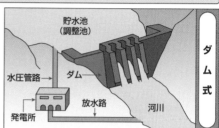

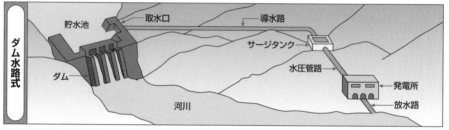

水力発電の取水方式には水路式・ダム式・ダム水路式がある

❖水力発電は，次のような長所があります．

● 自然界で循環する水のもつエネルギーを利用して発電しているので，火力発電，原子力発電に比べエネルギー源に要する費用が少ないです．

● 使われる電力量に応じて，すばやく発電量を調整できます．

● 発電開始までの時間が短いので，電力使用量が急増したときなどに対応できます．

● 二酸化炭素(温室効果ガス)を排出しません．

❖水力発電は，一般に山の中に建設されるので，電力消費地まで遠いことから，送電やダム建設に多額の費用と期間を必要とします．

❖水力発電における取水方式には，水路式，ダム式，ダム水路式の3種類があります．

❖水路式は，河川の上流に堤をつくって水を取り入れ，長い水路で適当な落差が得られる所まで水を導き発電する方式です．

● この方式は，流れ込み式(前ページ参照)に組み合わせることが一般的で，急勾配で屈曲の多い河川の上流・中流部に設けます．

❖ダム式は，ダムにより河川をせき止めて人造湖をつくり，ダム直下の発電所との落差を利用して発電する方式です．

● 川幅が狭く両岸の岩が高く切り立った所につくられます．

● 貯水池式(前ページ参照)および調整池式(前ページ参照)と組み合わせるのが一般的です．

❖ダム水路式は，ダム式と水路式を組み合わせた方式で，ダムで貯めた水を水路で下流に導き，大きな落差を利用して発電する方式です．

● ダム式，水路式単独の場合に比べ，より大きな落差を得ることが可能です．

● ダム水路式は，貯水池式，調整池式(前ページ参照)と組み合わせるのが一般的です．

10 水力発電所はこのようなしくみになっている

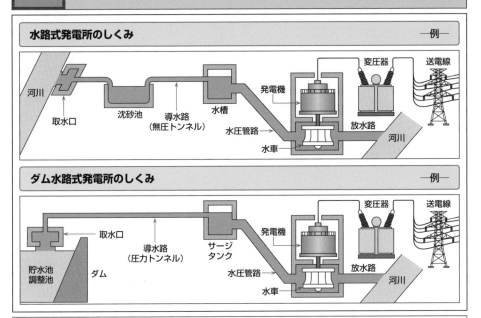

水路式発電所のしくみ ─例─

河川　取水口　沈砂池　導水路（無圧トンネル）　水槽　水圧管路　水車　発電機　変圧器　送電線　放水路　河川

ダム水路式発電所のしくみ ─例─

貯水池 調整池　ダム　取水口　導水路（圧力トンネル）　サージタンク　水圧管路　水車　発電機　変圧器　送電線　放水路　河川

水力発電を構成する主な設備は次のとおりである

❖**ダム**　ダムは，河川や谷を横断してせき止め，発電のための落差を形成し，水量を調整する土木構造物です．

● ダム付属設備には，洪水時の余剰水をダムに危険を及ぼさないよう下流に放流する洪水吐，洪水吐ゲート，放流バルブなどがあります．

❖**取水口**　取水口は，ダムまたは河川から水を導水路へスムーズに導くために設けられます．

❖**沈砂池**　沈砂池は，ダム，貯水池から取水する場合を除き，水圧管路や水車を摩耗する原因となる河川から取水する流水中に含まれる土砂を沈殿，排除するため，取水口近くに設けます．

❖**導水路**　導水路は，一般にトンネルを採用しますが，地形に応じ暗きょ，開きょを併用することがあります．

● 水路トンネルには，流れ込み式の水路に用いる無圧トンネルと，貯水池式・調整池式の水路に用いる圧力トンネルがあります．

❖**水槽**　水槽は，無圧導水路と水圧管路の連結部に設けられ，負荷変動による使用水量の変化の調整と，負荷遮断による水撃圧を緩和します．

❖**サージタンク**　サージタンクは，圧力トンネルで導水する場合，負荷変動による流量急変の調整と，負荷遮断による水撃圧を緩和します．

❖**水圧管路**　水圧管路は，サージタンクまたは水槽から水車に直接導水する管をいいます．

❖**放水路**　放水路は，発電使用水を河川へ放流する水路で，河川への出口を放水口といいます．

❖**水車**　水車は，水圧管路で導かれた水の力を回転する機械力に変えます．

❖**発電機**　発電機は，水車に連結して回転し，その機械力により電気を発生します．

❖**変圧器**　変圧器は，発電機でつくられた電気の電圧を高くして，送電線に送ります．

11 ダムにはコンクリートダムとフィルダムがある

コンクリートダム	フィルダム

＜重力ダム＞

貯水池
—調整池

コンクリート

岩盤(基礎)

＜フィルダム＞

貯水池
—調整池

岩石　砂利　粘土　砂利　岩石

保護層　　土質遮断壁　　保護層
　　　中間層　　　中間層

＜中空重力ダム＞

貯水池
—調整池

空洞

岩盤(基礎)

コンクリート

＜アーチダム＞

コンクリート

貯水池
—調整池

岩盤

岩盤(基礎)

コンクリートダムには重力ダム・中空重力ダム・アーチダムがある　　　　　　―フィルダム―

- ❖ダムの種類には，コンクリートダムとフィルダムがあります．
- ❖**コンクリートダム**は，コンクリートを主原料として建設され，重力ダム，中空重力ダム，アーチダム，重力・アーチダムなどがあります．
- ❖**重力ダム**は，水圧をダム自体のコンクリートの重量によって支える方式のダムです．
- ●ダムの断面形状は，ほぼ直角三角形となり，大量のコンクリートを使用します．
- ●安定性が高いので，地震の多い日本に適しており，最も多く用いられています．
- ❖**中空重力ダム**は，重力ダムの堤体内部に空洞を設け，ダムと基礎地盤との接地面を広くとることで，安定性を保つ方式で重力ダムの変形です．
- ●重力ダムと同様に，堤体自身の重さにより水圧などの外力を支える方式のダムです．
- ●堤体内部を空洞としているので，重力ダムに比

べコンクリートを使う量を節約できます．
- ❖**アーチダム**は，両岸を支点としたアーチ(コンクリート壁が円弧形を描く形状)により，水圧を両岸の岩盤に伝える方式のダムです．
- ●ダムの厚さを薄くできるので，コンクリートなどの材料が少なくてすみます．
- ●両岸が狭く岩盤が丈夫な場所に適します．
- ❖**重力・アーチダム**は，重力ダムにアーチ作用をもたせて，コンクリートの使用量の減少を図った方式のダムです．
- ❖**フィルダム**は，岩石または土を積み上げ，その自重によって水圧を支える方式のダムです．
- ●ダムの断面形状は勾配のゆるい鈍角二等辺三角形となり，ダム体積は大きくなります．
- ●水漏れを防ぐため，ダム内部または上流面を水を通さない材料を用いて築きます．
- ●ダム付近で堤体材料が得られる場所に適します．

12 水の力で回転する水車により発電機は電気を起こす

水　車　　　　　　　　　　　　　　　　　　—例—

—ペルトン水車（例）—

ニードル弁
ノズル
ランナ（羽根車）
羽根
水流
水流

—カプラン水車（例）—

水車軸
羽根
ボス
調整棒
連接棒

水車発電機　　　　　　　　　　　　　　—フランシス水車—

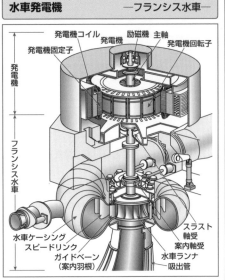

発電機コイル
発電機固定子
発電機
フランシス水車
発電機
励磁機　主軸
発電機回転子
スラスト軸受
案内軸受
水車ランナ
吸出管
水車ケーシング
スピードリンク
ガイドベーン（案内羽根）

水車には衝動水車と反動水車がある　　　　　　　　　　　—発電機—

❖水車は，水のもつ位置エネルギーを運動エネルギーに変える機械で，その動作原理により，衝動水車と反動水車があります．

❖衝動水車は，圧力水頭を速度水頭に変えた流水をランナ（羽根車）に作用させる構造の水車で，ペルトン水車が代表的です．

●ペルトン水車は，水の流れる速さを利用した水車で，ノズルから強い勢いで吹き出す水を，わん形の羽根に吹き当てて，その衝撃でランナを回転させます．

●ペルトン水車は，水の吹出し口のノズルで噴射水量を変化させ，水車出力を調整します．

●ペルトン水車は，高落差発電所に適しています．

❖反動水車は，圧力水頭を保有する流水をランナに作用させる構造の水車で，フランシス水車が代表的です．

●フランシス水車は，水の圧力と水の流れる速さを利用した水車で，渦巻き形の管（ケーシング）からランナに水を導き，その反動で水車を回転させます．

●フランシス水車は，案内羽根（ガイドベーン）の開度を変えることにより流量を変化させ，水車出力を調整します．

●フランシス水車は，中高落差発電所に適用され，日本の水力発電所では，多く用いられています．

❖カプラン水車は，角度を変えられるランナ（羽根車）のついたプロペラ水車で，水車の軸方向に流れる水がランナに当たり軸を回転させます．

●カプラン水車は，フランシス水車を低落差，大流量の発電所に対応できるようにしたものです．

❖水車発電機は，水車からの運動エネルギーを電気エネルギーに変える機械です．

●水力発電所に使用する発電機は，一般に同期発電機が用いられます．

③ 火力発電は火の力で発電する

13 火力発電所を燃料の種類により分類する

火力発電の長所	火力発電の短所
● 燃料を調整することで，発電量を容易に変えることができる	● 地球温暖化の原因である二酸化炭素を多量に排出する
● 季節や時間帯によって大きく変わる電力消費に合わせて電力を供給できる	● 大気汚染の原因となり得る硫黄酸化物や窒素酸化物を排出する
● 万一事故が発生しても原子力に比べ局部的な被害に収まる	● 化石燃料に限りがあり，ほとんどを海外からの輸入に頼っている
● 石炭：他の化石燃料に比べ低価格である	● 石炭：二酸化炭素の排出量が他に比べ多い
● 石油：燃料貯蔵が容易である	● 石油：燃料単価が他に比べ高い
● LNG：二酸化炭素の排出量が少ない	● LNG：インフラ整備（輸送・貯蔵）が必要

火力発電所には石炭火力発電所・石油火力発電所・天然ガス火力発電所がある

❖ 火力発電は，石炭，石油，天然ガス（液化天然ガス：LNG）などの燃焼による熱エネルギーでつくった蒸気の力でタービンを回し，その機械エネルギーで発電機を動かして発電し，電気エネルギーに変換します．

❖ 火力発電所を燃料の種類により分類すると，石炭火力発電所，石油火力発電所，天然ガス（LNG）火力発電所などになります．

❖ 石炭火力発電所

● 運搬船で運ばれてきた石炭は，使用時にベルトコンベアで揚炭して微粉機で細かく粉砕し，空気に浮遊させた状態でバーナに吹き込み燃焼させて高圧・高温の蒸気をつくり，この蒸気をタービンに送って発電機を動かし発電します．

❖ 石油火力発電所

● 主に重油を燃料としており，重油はいったんタンクに貯蔵され，粘度が高いので使用時には加熱により流動性を増し，ポンプでバーナーに送り霧状の細かい液滴としてボイラに吹き込み燃焼させ，高圧・高温の蒸気をつくり，この蒸気をタービンに送り発電機を動かし発電します．

❖ 天然ガス（LNG）火力発電所

● 超低温で液化した天然ガス（LNG）を専用タンカーで輸送し，保冷された特殊タンクに貯蔵して，使用の際は海水で温めて気化させ，このとき得られる熱を利用して発電を行います．

● LNG はメタンを主成分とし，マイナス 162℃ 以下に冷却し，液化したものです．

14 火力発電所を原動機の種類により分類する

発電の種類 ―原動機による分類―

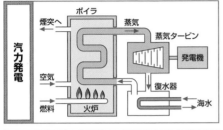

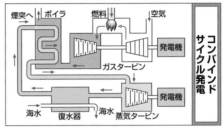

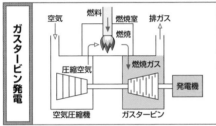

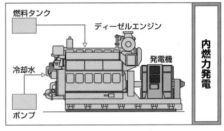

汽力発電所・ガスタービン発電所・コンバインドサイクル発電所・内燃力発電所

❖火力発電所を使用する原動機の種類により分類すると，汽力発電所，ガスタービン発電所，コンバインドサイクル発電所，内燃力発電所などになります．

❖**汽力発電所**
- 汽力発電所とは，汽力発電の設備をもつ発電所をいいます．
- 汽力発電は，燃料を火炉で燃焼させ，その燃焼ガスで高温・高圧の蒸気をボイラで発生させ，その蒸気で蒸気タービンの羽根車を回転して，蒸気タービンに直結した発電機で発電します．

❖**ガスタービン発電所**
- ガスタービン発電所とは，ガスタービン発電の設備をもつ発電所をいいます．
- ガスタービン発電は，燃料と圧縮機で圧縮した空気を燃焼室に送って燃焼させ,生じた高温・高圧燃焼ガスをガスタービンに送りタービンの羽

根車を回転させ直結した発電機で発電します．

❖**コンバインドサイクル発電所**
- コンバインドサイクル発電所とは，ガスタービンと蒸気タービンを組み合わせたコンバインドサイクル発電の設備をもつ発電所をいいます．
- 最初に圧縮空気の中で燃料を燃やして高温・高圧の燃焼ガスを発生させガスタービンを回して発電し，その排ガスは十分な余熱があるのでこれをボイラに導いて蒸気を発生させ，その蒸気で蒸気タービンを回転させて発電します．

❖**内燃力発電所**
- 内燃力発電所とは，内燃力発電の設備をもつ発電所をいいます．
- 内燃機関はディーゼルエンジンが主流で，シリンダー内で直接燃料を燃やし，生じる高温・高圧ガスでピストンを上下運動させ，クランク軸を介して発電機を回し発電します．

49

15 | 汽力発電所の設備構成（その１）

汽力発電所の設備構成　―燃料取扱設備・ボイラ設備・煤煙処理設備―

煙突
ボイラ
ドラム
蒸気管
過熱器
再熱器
節炭器
空気予熱器
排煙脱硝装置
電気集じん器
排煙脱硫装置
石油貯蔵
タンク
排ガス
火炉
燃料
パイプ
バーナー
海水

燃料取扱設備・ボイラ設備・蒸気タービン設備　　　　　　―汽力発電所―

❖火力発電所のなかで，汽力発電所が一番多く使用されているので，その構成を次に示します．

●汽力発電所は，燃料取扱設備，ボイラ設備，蒸気タービン設備，復水器設備，発電機設備，変圧器，開閉所，煤煙処理設備，煙突などから構成されます．

＜燃料取扱設備＞

●石炭は船または貨車で輸送されたものを揚炭機などの運搬機械で水切りまたは荷降ろしをし，コンベアによりいったん貯炭場に貯炭され，使用量だけコンベアでボイラに送ります．

●石油はタンカーなどによる海送とタンク車などによる陸送があり，石油貯蔵タンクに貯蔵され，使用する量だけポンプでボイラに送ります．

●天然ガス（LNG）はLNG船による海送とLNG基地からのパイプによる陸送があり，液化してLNGタンクに貯蔵されます．

＜ボイラ設備＞―52ページ参照―

●ボイラは燃料取扱設備から送られた燃料を燃焼させて得た熱を水に伝え，高温・高圧の蒸気を発生させその蒸気を蒸気タービンに送ります．

＜蒸気タービン設備＞―53ページ参照―

●蒸気タービンは蒸気のもつエネルギーを羽根車と軸を介して回転運動へ変換する外燃機関です．

●ボイラでつくられた高温・高圧の蒸気は，タービンを回転させますが，羽根車に当たる蒸気の力を大きく受けるために，羽根車を数段から数十段として，次々に蒸気が当たるようにします．

●蒸気タービンが高速で回転し，これに直結している発電機を回転させます．蒸気タービンを回した後の蒸気は復水器に送られます．

＜復水器設備＞

●復水器は蒸気タービンを回した後の蒸気を冷却して凝縮させ，水に戻す装置です．

16 汽力発電所の設備構成（その２）

―蒸気タービン設備・復水器設備・発電機設備・変圧器・開閉所―

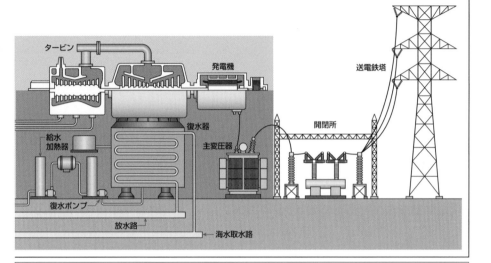

タービン
発電機
送電鉄塔
復水器
開閉所
給水加熱器
主変圧器
復水ポンプ
放水路
海水取水路

復水器設備・発電機設備・変圧器・開閉所・煤煙処理設備 ―汽力発電所―

- 復水器でつくられた水は，またボイラに送られて蒸気へと変わり，これを繰り返します．
- 復水器の冷却水は，ほとんど海水を使用しているので，表面復水器が用いられます．
- 表面復水器は，冷却水が復水器冷却管内を通り，タービン蒸気とは直接接触しない方式です．

＜発電機設備＞

- 発電機は電磁誘導の法則を利用して，運動エネルギーから得られる回転力を電力へと変換する機械です．発電機は蒸気タービンに直結されており，その回転力で発電します．

―発電された電気は変圧器に送られる―

- 発電機には三相交流同期発電機が用いられており，商用電源として，周波数 50 Hz 用と 60 Hz 用に分かれて採用されています．

＜変圧器＞

- 変圧器は発電機で発電された電気を遠くへ無

駄なく送るため，発電電圧を送電電圧（275 kV，500 kV）に昇圧して，開閉所を通して送電線へ送ります．

＜開閉所＞

- 開閉所は構内に設置された遮断器などの開閉装置により電路を開閉するところです．

＜煤煙処理設備＞

- 電気集じん装置は静電気の力を利用して，煤じんの排出量を低減します．
- 排煙脱硝装置はアンモニア接触還元法により，窒素酸化物（NO_x）の排出量を低減します．
- 排煙脱硫装置は湿式吸収法により，硫黄酸化物（SO_x）の排出量を低減します．
- 煙突は，高熱による上昇気流の原理で排気を上方に導き，上空に排出して，排気に含まれる大気汚染物質濃度を地表に到達するまでに拡散させます．

17 | 火力発電所では水管ボイラが用いられる

水は蒸気になってタービンに送られ循環する　　　―自然循環ボイラ―

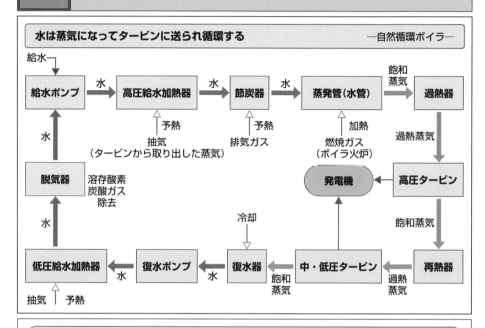

水管ボイラには自然循環ボイラ・強制循環ボイラ・貫流ボイラがある

❖火力発電所で用いられるボイラは，伝熱部が水管になっている水管ボイラが使用され，その水循環方式により，自然循環ボイラ，強制循環ボイラ，貫流ボイラがあります．

● 自然循環ボイラは，水と蒸気の比重差によって水を循環させる形式です．

● 強制循環ボイラは，水を循環ポンプで強制的に循環させる形式です．

● 貫流ボイラは，給水を水管の一方から押し込み，循環させることなく，管の他端から過熱蒸気を取り出す形式です．

　　―循環ボイラに比べ純度の高い給水が必要―

❖自然循環ボイラの主な設備について説明します．

● 給水ポンプは，ボイラに給水を送り込みます．

● 給水加熱器は，タービンから取り出した蒸気（抽気）で給水を予熱し，給水ポンプを境にして低圧給水加熱器と高圧給水加熱器があります．

● 節炭器は，ボイラ火炉，過熱器，再熱器などで熱交換して温度の下がった排ガスをさらに利用して，ボイラ給水を予熱します．

● 蒸発管（水管）は，管内に流れる水を火炉における燃焼ガスと熱交換させ蒸気をつくります．

● 過熱器は，蒸発管でつくられる湿り飽和蒸気を過熱して乾き蒸気，そして過熱蒸気と高エネルギー状態にして，高圧タービンに吹き付けます．

● 再熱器は，高圧タービンで仕事を終えて飽和湿度に近づいた蒸気を再び過熱して，中圧タービン・低圧タービンに送ります．

● 復水器はタービンを回し終えた蒸気を冷却して水に戻します．

● 復水ポンプは，復水器の水を低圧給水加熱器に送ります．

● 脱気器は復水器で除去しきれない復水中の溶存酸素や炭酸ガスを除去し給水ポンプに送ります．

18 火力発電所では蒸気タービンが用いられる

衝動蒸気タービン動作原理図

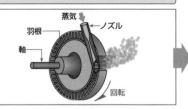

反動蒸気タービン構造原理図

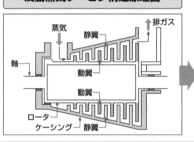

蒸気タービンは高圧・中圧・低圧に区分される

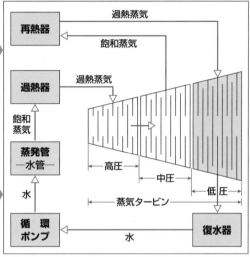

蒸気タービンの種類 ――蒸気タービンの構造―

❖蒸気タービンは，ボイラで発生させた高圧・高温の蒸気をノズルまたは固定羽根を通して噴出させると，蒸気は膨張・減圧することによって高速流になり，その高速流の蒸気を羽根に衝突させ，その衝撃力でロータを回転させます．

＜蒸気タービンの種類＞

● 衝動タービンは，蒸気の圧力降下を主としてノズルで行い，ノズルから噴出する蒸気の衝撃力によってロータを回転させます．

● 反動タービンは，静翼で圧力降下させるとともに，動翼から噴出する蒸気の膨張による反動によってロータを回転させます．

● 復水タービンは，タービンから排出された蒸気を復水器で冷却・凝縮して水に戻す形式です．

● 再熱タービンは，蒸気がタービン中で膨張した後，仕事を終えた蒸気をボイラの再燃器で蒸気温度を高めて，再びタービンに戻す形式です．

● 多段式タービンは，羽根の後の段になるほど圧力が減少，膨張し体積が増えるので，羽根の長さ，つまり回転面の直径を大きくします．

――大規模タービンでは蒸気の特性に合わせて，高圧，中圧，低圧に分ける――

＜蒸気タービンの構造＞

❖多数の動翼が回転軸に取り付けられ，静翼がケーシングに取り付けられています．

● ケーシングは，タービンのロータや翼列を収納する容器です．

● ノズルは，ケーシングの蒸気入口から入った蒸気をロータに向けて噴射します．

――反動タービンでは静翼がノズルに相当する――

● 静翼は，固定されており，蒸気の流れが効率よく動翼に流れるように導きます．

● 動翼は，蒸気からエネルギーを得て回転する翼です．

4 原子力発電は核分裂の熱で発電する

19 原子力発電は原子炉で蒸気をつくり発電する

原子力発電は火力発電のボイラを原子炉に置き替えたものである

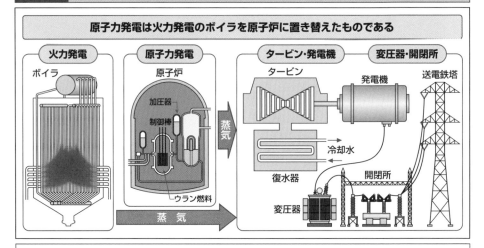

原子力発電は核分裂による熱で蒸気をつくってタービンを回し，発電機で発電する

❖原子力発電は，蒸気の力でタービンを回し，発電機で発電することから，その発電の原理は火力発電と同じといえます．

●火力発電は，ボイラで石炭，石油，天然ガスなどを燃やして蒸気をつくりますが，原子力発電は原子炉でウランなどの燃料を核分裂させ，そのとき発生する熱を利用し蒸気をつくります．

❖原子力発電は，火力発電のボイラを原子炉に置き替えたものといえます．

●原子炉内では，ウランおよびプルトニウムの核分裂によって発生した熱が燃料を取り巻く水に伝えられ，これを高温・高圧の蒸気に変えて，この蒸気が主蒸気配管を通ってタービンに送られ，タービン軸に直結した発電機を回して発電します．

●タービンを回し終えた蒸気は，復水器内で冷却され，水となって再び原子炉に戻ります．

●復水器での蒸気の冷却は，海水を使用します．

●原子炉の始動・停止は，制御棒の出し入れによって行われます．

❖原子力発電は，安定した大量の電力を供給でき，発電時に地球温暖化の原因となる温室効果ガス，大気汚染の原因となる硫黄酸化物や窒素酸化物を排出しないなどの長所がありますが，その反面，放射線の厳しい管理が必要で，事故が起きると周辺地域に多大な被害を与え，近づくのが難しく修復が困難となる短所があります．
　　—例：東日本大震災での原子力発電所事故—

20 ウランが核分裂すると熱を発生する

ウラン原子核に中性子を当てると核分裂し，発生した中性子で連鎖反応する

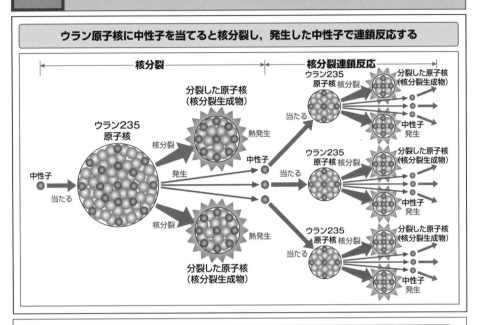

ウランが核分裂すると原子核の結合エネルギーが放出され熱を発生する

❖物質はすべて原子からできており，原子は原子核とそれを取り巻く電子で成り立っています．

●原子核は陽子と中性子から構成されています．

●原子は陽子の数に合わせて原子番号が付けられています．

❖原子核における陽子，中性子は結合エネルギーにより結び付いています．

●原子核が二つ以上の原子核に分裂することを**核分裂**といい，原子核が核分裂すると，今まで原子核内にあった陽子と中性子の結合エネルギーが熱エネルギーになって放出されます．

❖核分裂はさまざまな原子核で起こりますが，特に核分裂しやすい物質として，原子核に92個の陽子をもつ原子番号92のウランがあります．

●ウランには陽子の数は92個でも中性子が142個のウラン234，中性子143個のウラン235，中性子146個のウラン238があります．

●たとえばウラン235とは，陽子の数92と中性子の数143を加えると235になるからです．

●ウラン235は核分裂を起こしやすく，ウラン238は核分裂を起こしにくい性質があります．

❖核分裂しやすいウラン235に中性子を当てると二つの原子核に核分裂し，結合エネルギーが放出されて，大量の熱が発生すると同時に新たに2～3個の中性子が発生します．

●新たに発生した中性子が別のウラン235に当たると，核分裂が起きて中性子が発生し，核分裂の連鎖反応が起こり，膨大な熱が発生します．

●一定の状態での核分裂連鎖を**臨界**といいます．

❖原子炉内の核分裂しにくいウラン238が中性子を吸収すると，プルトニウム239が生まれます．

●プルトニウム239は核分裂性なので，さらに中性子を吸収すると，核分裂して結合エネルギーを放出して，大量の熱を発生します．

21 核燃料は燃料集合体に加工し原子炉に収める

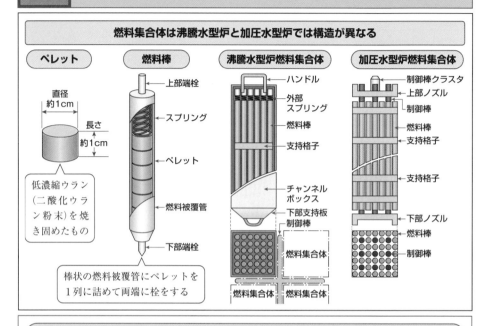

燃料集合体は沸騰水型炉と加圧水型炉では構造が異なる

燃料集合体は低濃縮ウランを焼き固めたペレットを詰めた燃料棒の集まりをいう

❖天然ウランには，核分裂しやすいウラン235が約0.7%，核分裂しにくいウラン238が約99.3%（ウラン234は0.005%）含まれています.

● 原子力発電に用いられるウラン燃料は，核分裂反応をゆっくりと進ませて，できるだけ長い期間にわたって熱を発生するようにするため，核分裂しやすいウラン235が3～5%（ウラン238が95～97%）含む低濃縮ウランが用いられます.

● 低濃縮ウランでは，一気に核分裂させようとしても，ウラン238が中性子を吸収して核分裂を抑えるので，長期間にわたり熱を発生することができるのです.

● 1グラムのウラン235の核分裂によって発生するエネルギーは，石油2000リットル分，石炭3トン分に相当するといわれています.

❖核燃料は，原子炉の中に入れたり，取り出した

りする際にバラバラにならないように束ねた**燃料集合体**という形に加工，成形して原子炉に収めます.

● 核燃料は，低濃縮二酸化ウラン粉末を円柱状に焼き固めて，**ペレット**に加工します.

● ペレットは，金属（ジルコニウム合金）でつくられた棒状の燃料被覆管に1列に詰め込まれます．これを**燃料棒**といいます.

● 燃料棒を束ねたものを燃料集合体といいます.

● 沸騰水型炉（59ページ参照）の燃料集合体は，チャンネルボックスで覆い，十字型をした制御棒が，4体の燃料集合体の間に収められています.

● 加圧水型炉（58ページ上欄・59ページ参照）の燃料集合体は，その内部に制御棒を分散して組み込み，支持格子により保持し，上下のノズルで固定されています.

22 原子炉は核分裂による熱を有効に取り出す

原子炉（軽水炉）の運転 ―制御棒を引き抜く―

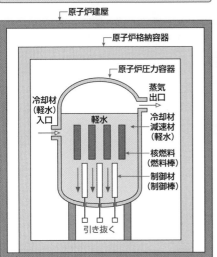

引き抜く

原子炉（軽水炉）の停止 ―制御棒を入れる―

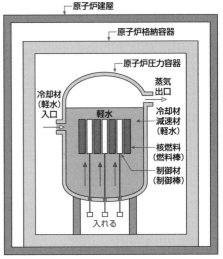

入れる

原子炉を構成する要素 ―減速材・反射材―

- ❖原子炉は，核燃料の核分裂連鎖反応を安定に制御しながら起こさせ，発生する熱エネルギーを有効に取り出すための装置です．

- ●原子炉は，放射性物質を閉じ込めるため，原子炉圧力容器に収められ，それを原子炉格納容器で覆い，さらに原子炉建屋の中に設置されます．

- ❖原子炉は次のような要素から構成されています．

＜核分裂反応を起こす核燃料＞

- ●核燃料については，前項に記載してあります．

＜中性子の速さを遅くする減速材＞

- ●原子炉の中で核分裂によって放出される中性子は，光の速さの約10分の1というスピードをもっているので，高速中性子といいます．

- ●高速中性子のスピードでは，速すぎて効率よく核分裂を起こすことができません．

- ●高速中性子は，原子炉内で原子核と何回も衝突を繰り返すとエネルギーを失い，ついには平衡状態にまで減速し，熱中性子になります．

- ●原子炉内で高速中性子の速度を熱中性子まで減速するために用いるのが，**減速材**です．

- ●原子炉で使われる減速材には，軽水，重水，黒鉛などがあります．

- ●軽水とは普通の水のことをいい，重水とは水素の同位体である重水素（^{2}H）二つと酸素が結合した水をいいます．

- ●減速材に軽水を用いる原子炉を軽水炉，重水を用いるものを重水炉，黒鉛を用いるものを黒鉛炉といい，日本の原子炉は軽水炉が主流です．

＜中性子が炉心から漏れるのを減らす反射材＞

- ●原子炉内で核分裂によって発生した中性子が外に漏れていくのを散乱によって炉内に戻す働きをするものを**反射材**といいます．

- ●反射材は減速材と同じ性質が要求され，同じ材料が用いられています． ―次ページに続く―

23 原子炉はどのような要素で構成されているか

加圧水型軽水炉は，蒸気発生器により炉の水とは別の水で蒸気をつくり発電する

原子炉を構成する要素（前ページからの続き）　　　　　　　　—冷却材・制御材—

＜熱を炉心から運び出す冷却材＞

- 核分裂によって燃料中に生じた熱を炉心外に運び出すために使用する流体を**冷却材**といいます．
- 軽水ならびに重水は，比熱が大きく，熱伝導度もかなり良好で粘性も比較的低いので冷却材として適しており，減速材を兼ねて使用されています．
- 軽水は安価ですが，重水は高価なので，冷却材としては，軽水のほうがより多く用いられています．

＜核分裂反応を制御する制御材（制御棒）＞

- 核分裂をゆっくりと継続的に起こさせるためには，中性子の数を制御する必要があります．
- 中性子の数を制御するために**制御材（制御棒）**が使用されます．
- 制御材（制御棒）は，中性子を吸収する性質があり，これにより原子炉の反応度を調節します．

- 制御材としては，一般に，ホウ素，カドミウムなどが使用されます．
- 制御材（制御棒）は，核分裂によって発生する中性子（55 ページ参照）の一部を次の核分裂のためにウラン 235 に当てて，残りの中性子を吸収して中性子の数を一定に保つ役割があります．
- 原子炉の出力（核分裂の割合）は，制御棒の出し入れと，炉心を流れる冷却水の流量の調整（沸騰水型軽水炉）または一次冷却水の中に溶けているホウ酸水溶液の濃度の調整（加圧水型軽水炉）によって一定になるように制御します．
- 制御棒を原子炉から引き抜くと，制御棒に吸収される中性子の数が減少し，核分裂の回数が増加し，出力が上昇します（57 ページ参照）．
- 制御棒を原子炉の中に入れると，数多くの中性子が制御棒に吸収されるので，核分裂の回数が減少し，出力が下降します．

24 加圧水型軽水炉と沸騰水型軽水炉のしくみ

沸騰水型軽水炉は原子炉で発生した蒸気を直接タービンに送り発電する

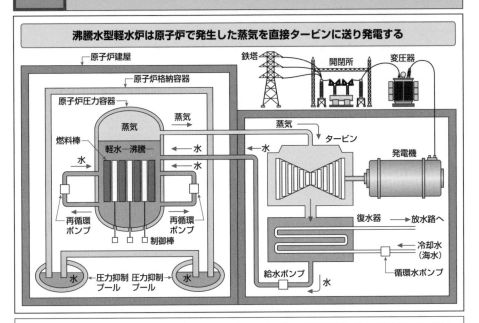

軽水炉には蒸気を発生するしくみの違いにより加圧水型軽水炉と沸騰水型軽水炉がある

- ❖軽水炉は，軽水（普通の水）が減速材と冷却材に兼用されているのが特徴で，蒸気を発生させるしくみの違いによって加圧水型軽水炉（前ページ上欄参照）と沸騰水型軽水炉があります．
- ❖加圧水型軽水炉では，冷却水に一次と二次の二つの系統があり，一次冷却水が原子炉内で沸騰しないように加圧器で飽和圧以上の圧力を加えていることから，加圧水型といいます．
- ●一次冷却水は，加圧器で飽和圧以上に高められているので，原子炉容器内での核燃料の核分裂による熱では蒸気とならず，熱水状態で蒸気発生器に送られ，蒸気発生器中のU型管内部を通って冷却水ポンプにより原子炉容器に戻ります．
- ●蒸気発生器U型管の外側に流れている二次冷却水は，一次冷却水から熱を得て高温高圧の水蒸気になり，この水蒸気がタービンを回して発電機が発電します．

- ●加圧水型は放射性物質を含む蒸気がタービンや復水器に流れないので，保守点検が容易です．
- ❖沸騰水型軽水炉では，原子炉容器内での核燃料の核分裂で発生した熱により，周囲の冷却材（減速材）である水を高温高圧の蒸気にし，この蒸気をそのままタービンに送り，発電機を回して発電します．そして，タービンで使用された蒸気は復水器を通って原子炉容器に戻ります．
- ●タービンを通る冷却水のほかに，原子炉の炉心内の冷却水を再循環ポンプで循環させます．
- ●沸騰水型軽水炉は，加圧水型軽水炉と異なり，炉心で水を沸騰させることから沸騰水型といいます．また，蒸気発生器を介さないので，それだけ熱効率が高くなります．
- ●沸騰水型は放射性物質を含む蒸気が，直接タービンや復水器に導かれるので，放射線の管理が必要となります．

59

5 風力発電は風の力で発電する

25 再生可能エネルギーによる発電のいろいろ

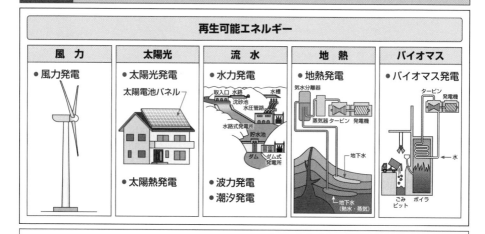

風力・太陽光・流水・地熱・バイオマスなどの再生可能エネルギーによる発電方式

- ❖再生可能エネルギーとは，太陽・地球物理学的，生物学的な源に由来し自然界によって利用する以上の速度で補充されるエネルギーをいいます．
- 風力，太陽光，流水，地熱，バイオマスなど，自然の力で定常的，反復的に補充されるエネルギー資源が発電に用いられています．
- ❖再生可能エネルギーを用いた発電方式の例を，以下に示します．
  - （1）風力—風力発電—
- 風力発電は，風の力を利用して風車を回し，その回転運動で発電機を駆動し発電する方式です．
  - （2）太陽光—太陽光発電・太陽熱発電—
- 太陽光発電は，太陽電池を利用して太陽の光を直接電力に変える発電方式です．
- 太陽熱発電は，太陽の光を反射鏡などで集熱器に集め，その熱で水を蒸気に変えてタービン発電機で発電する方式です．
  - （3）流水—水力発電・波力発電・潮汐発電—
- 水力発電は，水力で水車を回転させ発電機を駆動して発電する方式です（42〜47ページ参照）．
- 波力発電は，波による海面の上下動で装置内部に気流を起こしタービンで発電する方式です．
- 潮汐発電は，海の潮の干満による潮位差を利用して水車を回し発電する方式です．
  - （4）地熱—地熱発電—
- 地熱発電は，マグマで温められた地下水の水蒸気と熱水でタービンを回して発電する方式です．
  - （5）バイオマス—バイオマス発電—
- バイオマス発電は，バイオ資源を固体燃料・気体燃料に変えて発電する方式です．

26 風力発電にはいろいろな特徴がある

風力発電のしくみ ——概略図——

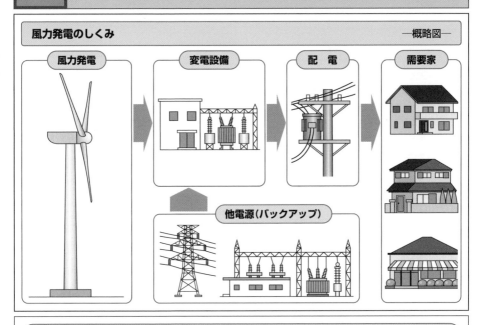

風力発電 → 変電設備 → 配電 → 需要家

他電源(バックアップ)

風力発電は再生可能エネルギーによる発電の中では発電コストが安い

- 風力発電の資源量は，開発可能な量だけで，世界で必要とされる電力需要を十分にまかなえることができるといわれています．
- 風力発電は，発電量当たりの二酸化炭素などの温室効果ガス排出量が小さいといえます．
- 風力発電は，再生可能エネルギーの中では，発電コストが安く事業化が比較的容易です．
- 風力発電は，一度設置すると，その後の経費は保守費用などに限られるため事業が安定します．
- 風力発電の価値は，風の強い季節・時間帯と電力需要の多い季節・時間帯が重なる場合に，相対的に大きくなります．
- 風力発電の稼働は，風速の変動・不足，落雷，故障，定期保守，系統故障などにより個々の風車の稼働率は通常40％といわれています．
- 風力発電は，風速の変動に従って出力の変動，電圧の変動をもたらします．

- 異なる場所に分散して設置された風車同士は，距離が離れるに従って出力変動の相関性が低くなり，全体としての出力はある程度平準化されるので分散配置が効果的といえます．
- 風力発電の出力は，昼夜を問わず不随意に変動するので，需要への追従は基本的に調整力のある火力発電，貯水式水力発電などに頼ることになります．
- 風力発電が火力発電を減じて代替するに当たっては，出力変動などの対策および送電網の拡張，予備発電設備の確保が必要といえます．
- 風力発電の設置に当たっては，事前に風況調査をして，発電量を予測する必要があります．
- 風力発電の設置工事に必要な期間は，規模や環境にもよりますが，概して他の発電方式より短いのが特徴です．

—次ページに続く—

61

27 風力発電にはいろいろな長所・短所がある

風力発電の長所　　　　　　　　―メリット―

1. **風があればいつでも発電できる**
   ―風が吹けば昼夜を問わず発電できる―
2. **自然の力である風力は枯渇することがない**
   ―枯渇性の化石燃料を使用しない―
3. **半永久的に発電が可能である**
   ―構成機器が故障しなければ―
4. **発電時に二酸化炭素を排出しない**
   ―風の力を利用したクリーンな発電方式―
5. **発電効率(40%)が高い**
   ―他の再生可能エネルギー発電と比較―
6. **発電コストが安い**
   ―他の再生可能エネルギー発電と比較―
7. **建設する工期が短い**
   ―他の再生可能エネルギー発電と比較―
8. **事故が起きても広範囲に影響しない**
   ―小規模分散型の発電方式のため―

風力発電の短所　　　　　　　　―デメリット―

1. **発電量が安定しない**
   ―風は常に吹いているわけではない―
2. **台風など過度の強風への耐久性を要する**
   ―強風の場合は自動的に停止する―
3. **設置には平地が必要である**
   ―大量に設置するには広い平地を確保する―
4. **落雷により故障することがある**
   ―タワーが高くなると落雷の危険がある―
5. **騒音問題が起きることがある**
   ―風切り音など―
6. **低周波振動による健康被害が出ることがある**
   ―めまい・耳鳴り・動悸などの違和感―
7. **風車のブレードに鳥がぶつかることがある**
   ―鳥の衝突により故障する―
8. **保守点検・補修が容易でない**
   ―大型化により高所作業になるため―

風力発電の最大の課題は強すぎる風である　　　　　　　　　―台風による強風―

❖風力発電は，環境負荷が小さいとはいえ，自然への影響もあります．
　―風力発電建設工事で生ずる森林伐採などの土地改変により流出する土砂が，下流域を汚染する場合がある―
　―風力発電を設置することにより自然景観(風光明媚な光景)を損なうことがある―
　―鳥類が風力発電設備に衝突して死亡することがある―
❖風力発電の風切り音などの騒音や低周波振動などが原因とされる耳鳴り・めまいなどの健康被害の例もあります．
❖風力発電の最大の課題は強すぎる風です．
●風力発電機には，定格風速があり，定格を大幅に超える速度で運転すると，ブレードの破損や発電機の焼損を招く場合があります．
●そのため台風などで強風が吹き，風速が過大な場合は，保護のため速度を制御するか，場合によっては一時的に発電を停止する安全制御システムが備えてあります．
❖海上に風力発電を設置することを洋上風力発電，海洋風力発電，海上風力発電などといいます．
●洋上風力発電は，地形や建物による影響が少なく，より安定した風力発電が可能となります．
●洋上風力発電は，立地の確保，騒音・低周波振動などの問題も緩和できます．
●日本においても，風力発電の港湾内などにおける建設例がみられます．
❖日本での風力発電が，欧米諸国に比較して普及が進んでいないのは，台風に耐えうる風車を建設すると，欧米と比較してコストが上がることや，大量の風車を設置するだけの平地の確保が困難なことなどがありますが，電力確保の観点から，風力発電の導入拡大は急務といえます．

28 風力発電は風車の回転エネルギーで発電する

水平軸型風車　　　—例：プロペラ式風車—　　**垂直軸型風車**　　—例：ダリウス式風車—

風車の出力は受風面積に比例し，風速の3乗に比例する

- ✣風力発電は，風車の回転エネルギーにより，発電機を回転して発電し，発電電圧を変圧器で昇圧して送電します．

- ●風車は，風(空気の流れ)がもつ運動エネルギーを回転エネルギーに変えます．

- ✣流速Vの風(空気の流れ)があるとき流れる，垂直な断面積Aを通過する空気の体積はAVとなります．

- ●空気密度をρとすると，単位体積当たりの空気の運動のエネルギーは$1/2 \cdot \rho V^2$です．
  —運動エネルギーは運動する物体の質量をm，速さをVとすると，$1/2 \cdot mV^2$である—

- ●断面積Aを単位時間に通過する風(空気の流れ)のもつ運動のエネルギーPは
  $$P = \frac{1}{2} \rho V^2 \times AV = \frac{1}{2} \rho AV^3 \text{ となります．}$$

- ●このように風(空気の流れ)のもつ運動のエネルギーは，空気の流れに対して垂直な断面積Aに比例し，速度の3乗に比例します．

- ●風のもつ運動のエネルギーは，風速の変化で大きく変わります．
  —たとえば，風速が2倍になると，運動のエネルギーは8倍になる—

- ✣風車の出力は，風車の受風面積(翼の回転する円の面積)に比例するので，風車を大きくすればそれだけ多くの電力を得ることができます．

- ●風車の翼(ブレード)の半径より少し高いタワーにすれば，翼を回転することができますが，地表近くの風は，地面や障害物などによる摩擦によって力を失いやすいことから，タワーを高くし，大型化する傾向があります．
  —大型化するとタワーが高くなり翼も長くなるので，保守点検・補修に問題が生じやすい—
  —タワーが高くなると落雷の危険が増える—

29　風車には水平軸型と垂直軸型がある

風車の種類　　　　　　　　　　　　―水平軸型・垂直軸型，揚力型・抗力型―

水平軸型風車	垂直軸型風車
揚力型 <プロペラ式> <オランダ式> <セイルウイング式> <多翼式>	揚力型 <ダリウス式> <ジャイロミル式>
	抗力型 <サボニウス式> <パドル式>

風車には回転トルクの発生方式により揚力型と抗力型がある

✤風力発電において，風の運動エネルギーを回転エネルギーに変える風車には，その回転軸の方向によって，水平軸型と垂直軸型があります．

● **水平軸型風車**は，回転軸が変化する風向きに平行であり続けるために，風向きの変化に対して姿勢を変える方位制御機構が必要です．

● 水平軸型風車には，プロペラ式，オランダ式，セイルウイング式，多翼式などがあります．

● プロペラ式は，広い風速の範囲で理論効率が高いので，風力発電の主流となっています．
　　―3枚翼のプロペラ式が主流―

● **垂直軸型風車**は，回転軸が地面に対し垂直になるよう設置されており，常に回転軸に対し直角に風が吹くため，風向きの変化に対して，姿勢を変える方向制御は必要ありません．

● 垂直軸型風車には，ダリウス式，ジャイロミル式，サボニウス式，パドル式などがあります．

✤風車の翼に風が当たると，翼には揚力と抗力が働きます（前ページ上欄参照）．

✤主として揚力によって，回転トルクを発生する方式の風車を**揚力型風車**といいます．

● 揚力型風車は，飛行機の飛ぶ原理である揚力により回転する風車です．

● 揚力型風車には，水平軸型でプロペラ式風車，オランダ式風車，セイルウイング式風車，多翼式風車があり，垂直軸型でダリウス式風車，ジャイロミル式風車などがあります．

✤主として抗力によって回転トルクを発生させる方式の風車を**抗力型風車**といいます．

● 抗力型風車は風の圧力を直接受けて帆船を動かす帆の原理である抗力で回転する風車です．

● 抗力型風車には，垂直軸型でサボニウス式風車，パドル式風車などがあります．

30 風車を構成する機器とその機能

プロペラ式風車の構造 —例—

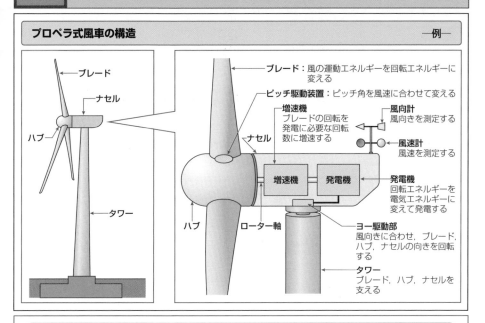

ブレード

ナセル

ハブ

タワー

ブレード：風の運動エネルギーを回転エネルギーに変える

ピッチ駆動装置：ピッチ角を風速に合わせて変える

増速機
ブレードの回転を発電に必要な回転数に増速する

風向計
風向きを測定する

風速計
風速を測定する

ナセル

増速機　発電機

発電機
回転エネルギーを電気エネルギーに変えて発電する

ハブ　ローター軸

ヨー駆動部
風向きに合わせ，ブレード，ハブ，ナセルの向きを回転する

タワー
ブレード，ハブ，ナセルを支える

プロペラ式風車を構成する機器とその機能 —例—

✤ 風車のしくみは，ブレードが風を受けて回り，ローター軸を通じて，増速機で回転速度を上げて発電機に伝え発電します．

✤ プロペラ式（水平軸型・揚力型）を例として，風車の構成を以下に示します．

● ブレード　ブレードは風を受けて回転し，風の運動エネルギーを回転エネルギーに変える．

● ハブ　ハブはブレードの付け根をローター軸に連結し，制御装置を内蔵する．

● 増速機　増速機はハブからローター軸を通じて連結されており，ブレードからの回転を発電機に必要な回転数まで，歯車を用いて増速させる．

● 発電機　発電機は増速機からの回転エネルギーを電気エネルギーに変えて発電する．

● 制御装置　制御装置には，ピッチ制御とヨー制御がある．

■ ピッチ制御は発電出力を調節するために，ブレードの取付け角（ピッチ角）を変化させ，風速に合わせて風の受ける量を調整する．
　―台風などによる強風時には，ピッチ角を風向きに並行にして風を逃がし停止させる―

■ ピッチ駆動装置は，ブレードとハブの連結部に設けられている．

■ ヨー制御は，無駄なく風を受けるために，ブレード，ハブ，ナセルの向きを風向きに合わせて追従させる．

■ ヨー駆動部は，ナセルとタワーの連結部に設けられている．

● ナセル　ナセルは，増速機，発電機などを収納する．

● タワー　タワーは，ブレード，ハブ，ナセルを支え，ケーブルの通り道になる．

6 太陽光発電は太陽電池で発電する

31 太陽光発電は太陽の光エネルギーを活用する

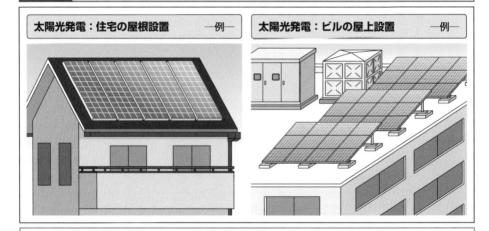

太陽光発電：住宅の屋根設置 ─例─

太陽光発電：ビルの屋上設置 ─例─

太陽光発電は住宅の屋根やビルの屋上に設置することができる

- **太陽光発電**は，半導体を材料とした**太陽電池**(70ページ参照)という装置を用いて，太陽の光がもつ光エネルギーを直接電気エネルギーに変換する発電方式をいい，**ソーラー発電**ともいいます．

- 地球上に降り注ぐ太陽光のエネルギーは，1 m² 当たり1時間に約1 kWh といわれており，地上で実際に利用可能な太陽光のエネルギーの量だけでも，膨大な電力量が得られるものと考えられます．

- 太陽の光という枯渇する心配のない無尽蔵のエネルギーを活用する太陽光発電は，年々深刻化する電力問題の有力な解決策の一つといえます．

- 太陽光発電は，住宅の屋根やビルの屋上といったスペースを有効に活用できるため，現在普及が進んでいます．

- 太陽光発電は，発電の際に地球温暖化の原因となる二酸化炭素を排出しません．

- 太陽光発電のコストは，一般に設備の価格でほぼ決まり，運転に燃料費は不要であり，保安管理費用も比較的少ないといえます．

- 太陽光発電を1年単位でみると，夏の電力需要の増える季節には，日照時間が長く太陽光が強いので発電量も増え，また1日単位でみると，電力需要が増える昼間に太陽電池は発電するので，昼間の電力需要のピークを緩和するという長所があります．

- 太陽電池は，太陽光を受けている間しか発電しないので夜間は発電せず，また，発電量は日照に依存することから，曇天・雨天時は晴天時より大幅に発電量が低下するという短所があります．

32 太陽光発電システムは系統連系型と独立型がある

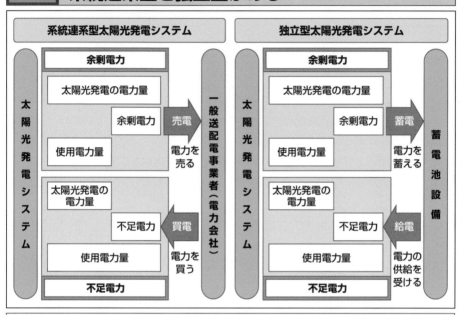

系統連系型太陽光発電システムは一般送配電事業者と連系し独立型は蓄電池設備を有する

❖太陽光発電システムは，大きく分けて系統連系型システムと独立型システムがあります．

❖**系統連系型システム**

● 系統連系型システムとは，一般送配電事業者の配電線網と太陽光発電システムを接続して，電力を売買するシステムをいいます．

● 系統連系型システムの電路において，消費する電力よりも太陽光発電で発電した電力が多くなると，その余剰電力は一般送配電事業者の配電系統に送られます．これを**逆潮流**といいます．

● 一般送配電事業者は，その逆潮流した電力を他の需要家に供給することができるため，電力を供給する需要家の太陽光発電システムが，発電所として機能することになります．

● 太陽光発電システムから逆潮流を行う需要家は一般送配電事業者と契約することにより，逆潮流した分の電力を一定の電気料金で買い取って

もらうことができます（電力を売る：売電）．
—このようなしくみを「再生可能エネルギーの固定価格買取制度」という—

● 系統連系型システムの電路において，夜間や悪天候時などに，太陽光発電で発電した電力が消費する電力より下回ると，その不足した電力を一般送配電事業者の配電系統から，自動的に供給を受けることができます（電力を買う：買電）．

● 現在，住宅用の太陽光発電システムは，この逆潮流型系統連系型が，一般に採用されています．

❖**独立型システム**

● 独立型システムとは，一般送配電事業者の配電系統と完全に分離して，太陽光発電システムだけで電力を使用するシステムをいいます．

● 独立型システムでは，夜間や悪天候時の発電量の低下に備えて，蓄電池設備を設置し，電気を蓄えておく必要があります．

33 太陽光発電システムを構成する機器

住宅の系統連系型太陽光発電システム　　　　　　　　　　　　　　　　　　　　─例─

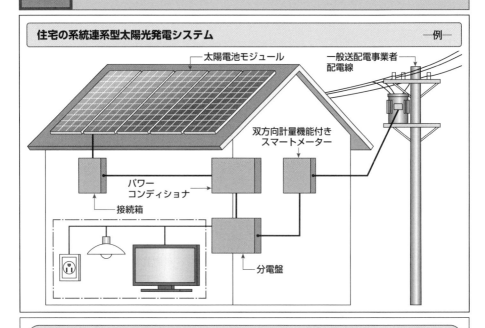

太陽光発電システムは太陽電池モジュールと周辺機器より構成される

✥低圧の系統連系型太陽光発電システムは，太陽電池モジュール，接続箱，パワーコンディショナ，分電盤，電力量計(双方向計量機能付きスマートメーター)などから構成されます.

✥太陽電池モジュール

● 太陽電池モジュールは，太陽の光エネルギーを電気エネルギーに変換する太陽電池よりなります(69〜71ページ参照).

✥接続箱

● 接続箱は，ブロックごとに接続された太陽電池モジュールからの配線を一つにまとめて，発電電力をパワーコンディショナに送る装置です.

● 接続箱は，太陽電池モジュールの点検・保守時などに使用する開閉器や避雷素子のほか，太陽電池モジュールに電気が逆流したり，一度に大きな電流が流れないようにする機能をもっています.

✥パワーコンディショナ

● パワーコンディショナは，インバータともいい，太陽電池モジュールで発電された直流電力を一般送配電事業者と同じ交流電力に変換し，家庭用電化製品などが使えるようにする装置です.

● 商用電源が停電時に運転するための自立運転機能を備えているものもあります.

✥分電盤

● 分電盤は，電力を建物内の電気負荷に分配するための装置で，太陽電池系統の出力と一般送配電事業者の商用電源系統との連系点になります.

✥双方向計量機能付きスマートメーター

● 双方向計量機能付きスマートメーターとは，1台で一般送配電事業者から需要家への供給電力量，つまり需要家の買電力量と，需要家が一般送配電事業者への余剰電力の売電電力量を計量できる機能をもつ電力量計をいいます.

34 太陽電池に光を当てると発電するしくみ

P型半導体とN型半導体

＜P型半導体＞

正孔

＜N型半導体＞

電子

太陽電池の接合部に光を当てる

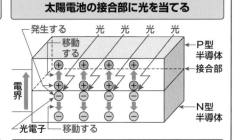

発生する　光　光　光　光
移動する
P型半導体
接合部
電界
N型半導体
光電子　移動する

太陽電池 ―P型とN型を重ね合わせる―

P型半導体

マイナスに帯電する

接合部

電界

N型半導体

プラスに帯電する

太陽電池に光を当てると発電する

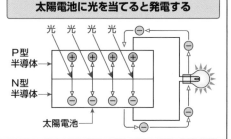

光　光　光　光
P型半導体
N型半導体
太陽電池

シリコン系太陽電池はP型半導体とN型半導体を重ね合わせた構造である

❖ **半導体**とは，電気をよく通す導体と電気をほとんど通さない絶縁体の中間にあって，条件により導体にも絶縁体にもなりうる物質をいいます．

● 半導体には正の電荷をもつ正孔が電気の運搬の主力となる**P型半導体**と負の電荷をもつ電子が電気の運搬の主力となる**N型半導体**があります．

❖ 現在，最も多く使われている**シリコン系太陽電池**は，P型半導体とN型半導体を重ね合わせ接合(PN接合)した構造になっています．

● この二つを接合した直後において，N型半導体の負の電荷をもつ伝導電子は，P型半導体の正の電荷をもつ正孔とは異種の電荷ですから，その吸引力によって移動し正孔と結び付きます．

● N型半導体は電子が移動したので電子が足りなくなり正に帯電し，またP型半導体は余分に電子をもらったので負に帯電することから，接合部に電界(内部電界)を生じます．

● この状態で接合部に光を当てると電子が光(光子)のエネルギーを吸収して励起し，新しく光電子という伝導電子と正孔のペアが大量に発生します．―この現象を**光電効果**という―

● 接合部の電界により伝導電子はN型半導体へ，正孔はP型半導体へ移動し集まることで電位差，つまり起電力(光起電力効果)を生じます．

● P型半導体とN型半導体を電極とし，外部に負荷を接続して，接合部に光を当てると，生じた起電力によりN型半導体から電子が流れ出て，負荷を通ってP型半導体の正孔と結合します．

● 光を当て続けるとN型半導体から次々に電子が流れ出て，負荷に電力を供給することにより，電池(太陽電池)機能をもつといえます．

● 太陽電池は，日射強度に比例して発電量が増加し，光が当たっているときだけ発電するもので，電気を蓄える機能はありません．

35 太陽電池にはいろいろな種類がある

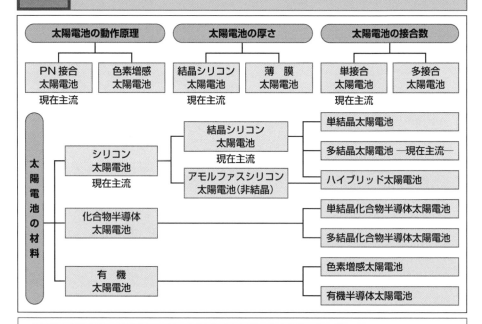

太陽電池の種類は動作原理・材料・形態により分類できる

❖太陽電池の動作原理としては，光電変換層にP型とN型の半導体を接合した構造（前ページ参照）のものがほとんどで，このほかに有機化合物を用いたものがあります．

❖太陽電池の光電変換層の材料により，シリコン系，化合物系，有機系があり，現在，シリコン太陽電池が最も多く使用されています．

❖シリコン太陽電池は材料の性質から結晶シリコン型とアモルファスシリコン型に分けられます．また，結晶シリコン型には単結晶シリコン型と多結晶シリコン型があります．

● 単結晶シリコン型は高純度シリコン単結晶ウェハを用いたもので，最も古く高価ですが高性能で，高い変換効率が必要な用途に使われます．

● 多結晶シリコン型は細かいシリコン結晶が集まった多結晶シリコンを用いており，単結晶シリコンより低コストで，現在主流のものです．

● アモルファスシリコン型はアモルファスシリコンをガラス・金属などの基板上に薄膜状に形成したもので，低照度下での効率が高いです．

❖シリコン太陽電池の形態には，薄膜シリコン型，ハイブリッド型，多接合型などがあります．

● 薄膜シリコン型はシリコン層の厚みを薄くして使用材料，コスト削減を図ったものです．

● ハイブリッド型は結晶シリコンとアモルファスシリコンを積層したもので温度特性がよいです．

● 多接合型は吸収波長の異なるシリコン層を複数積み重ねたものです．

❖化合物半導体太陽電池は複数の元素を主原料としたもので，単結晶化合物半導体太陽電池（例：GaAs系）と多結晶化合物半導体太陽電池（例：CIS系）などがあります．

❖有機太陽電池には色素増感太陽電池，有機半導体太陽電池などがあります．

36 太陽電池モジュールは設置し清掃する

太陽電池モジュールの建物設置方法のいろいろ ―例―

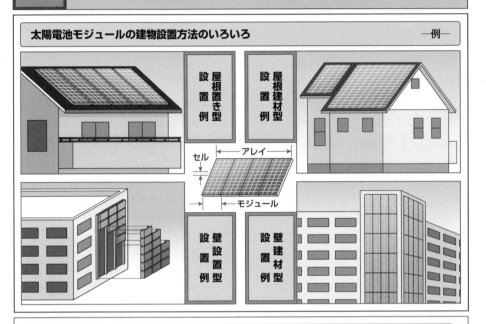

屋根置き型設置例

屋根建材型設置例

壁設置型設置例

壁建材型設置例

セル　アレイ　モジュール

太陽電池モジュールの建物設置方法と表面汚れ清掃 ―太陽電池の構成単位の名称―

❖太陽光発電システムの発電部は，多数の太陽電池素子で構成され，素子やその集合体は規模や形態に応じて，次のように呼ばれています.

● **セル**：セルは太陽電池の単体の素子をいいます.

● **モジュール**：モジュールはセルを直列接続したものをいいます. モジュールは樹脂や強化ガラス，金属枠などを施し，取扱いや設置を容易にするとともに，湿気や汚れ，紫外線，物理的な応力からセルを保護します. 太陽電池モジュールはソーラーパネルともいいます.

● **ストリング**：ストリングはモジュールを複数枚並べて直列接続したものをいいます.

● **アレイ**：アレイはストリングを並列接続したものをいいます. 太陽電池アレイはソーラーアレイともいいます.

❖太陽電池モジュールには，建物に設置する場合を例にすると，屋根置き型，屋根建材型，壁設置型，壁建材型などがあります.

● **屋根置き型**は屋根材の上に架台を取り付け，その上に太陽電池を設置します.

● **屋根建材型**には屋根材に組み込む屋根材一体型と太陽電池自体が屋根材のものがあります.

● **壁設置型**は壁に架台を取り付け，それに太陽電池を設置します.

● **壁建材型**は太陽電池が壁材として機能します.

❖太陽電池の表面に落葉や鳥のフンなどが付着し，汚れがひどい箇所は，周囲のセルに比べて温度が上昇し，長期間放置するとホットスポット現象により，セルが破損することがあるので，セルの清掃が必要です.

● **ホットスポット現象**とは，太陽電池の表面に何らかの物体(例：落葉)が付着して完全な影となると，その部分が抵抗体となって流れる電流により発熱し，セルが破損する現象です.

7 再生可能エネルギーによる新発電方式

37 バイオマス発電はバイオマス燃料で発電する

木質バイオマス発電システム ―例―

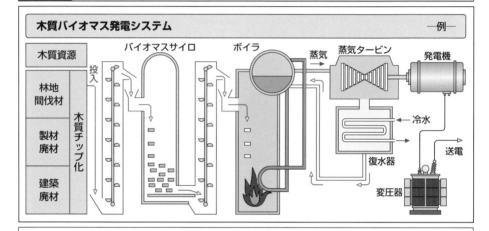

バイオマス発電には木質バイオマス発電・廃棄物発電・バイオガス発電などがある

❖バイオマスのバイオ(bio)とは，動植物などから生まれる生物資源をいい，マス(mass)とは，その量を意味しますので，バイオマスは生物資源の量となりますが，発電などの分野では"生物由来の資源"として用いられています．

❖バイオマスの例としては，林地間伐材，製材廃材，建築廃材などの木質資源，生ゴミ，食品加工廃棄物，水産加工残渣などの食品資源，農業活動で発生する稲わら，もみ殻などのほか，家畜飼育時に発生する家畜排泄物，下水汚泥，汚水などがあります．

● バイオマス資源を直接燃焼したり，固体化，気化などしたものをバイオマス燃料といいます．

❖バイオマス発電はバイオマス燃料を用いて発電する方式で，その例を以下に示します．原理的には火力発電とほぼ同じといえます．

● 木質バイオマス発電は，林地間伐材，製材廃材，建築廃材などの木質材料を燃焼させ，発生した蒸気でタービン発電機を回して発電します．

● 廃棄物発電はゴミ発電ともいい，可燃ゴミを焼却してその熱を回収し，蒸気を発生させてタービン発電機を回して発電します．ゴミ焼却施設での熱回収施設併設型と，廃棄物固形燃料(可燃ゴミを破砕・乾燥・接着・圧縮・成形)を利用する単体の廃棄物発電施設があります．

● バイオガス発電は，バイオガスを燃焼させて発生した蒸気でタービン発電機を回して発電します．バイオガスとは，自然発酵の菌を活性化させることで家畜の排泄物，汚泥，汚水などから発生するガスをいい，メタンが主成分です．

38 太陽熱発電は太陽の放射熱エネルギーで発電する

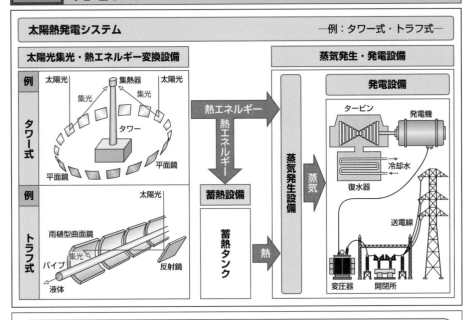

太陽熱発電システム ―例：タワー式・トラフ式―

太陽光集光・熱エネルギー変換設備

例 タワー式：太陽光 集光 集熱器 太陽光 集光 タワー 平面鏡 平面鏡

例 トラフ式：太陽光 雨樋型曲面鏡 集光 パイプ 液体 反射鏡

熱エネルギー 熱エネルギー

蓄熱設備 蓄熱タンク

熱

蒸気発生・発電設備

蒸気発生設備 蒸気

発電設備 タービン 発電機 冷却水 復水器 送電線 変圧器 開閉所

太陽熱発電は太陽光を鏡で集光し水を蒸気にして，タービン発電機により発電する

❖ **太陽熱発電**とは，太陽光線のエネルギーのなかの放射熱エネルギーを鏡や反射板を用いて集めて熱源とし，その熱で水を蒸発させてタービンを回転し，発電機により発電する方式です．

● 太陽熱発電の原理は，火力発電と同じですが，熱の発生に燃料の燃焼でなく太陽熱を用います．

❖ 太陽熱発電システムは次の三つに分けられます．

● 太陽光を鏡で反射集光し，熱エネルギーに変換する設備

● 集めた熱エネルギーを溜めておく蓄熱設備

● 集めた熱で蒸気を発生させタービンを回し，発電機で発電する設備

❖ 太陽光を鏡で反射集光し熱エネルギーに変換する設備の例として，以下にタワー式とトラフ式について示します．

❖ **タワー式太陽熱発電**は中央タワー方式，集中方式ともいいます．

● タワー式太陽熱発電は，太陽の動きに追従する可動式の平面鏡を多数円形に並べ，その中央部に設置したタワー上部の集熱器に，平面鏡で反射された太陽光を集中させて集熱し，そこで加熱された液体（水，オイル，溶融塩など）で水を加熱し蒸気を発生させて，タービンを回し，発電機で発電する方式です．

● 溶融塩などを用いた蓄熱器で昼間の熱を蓄えることで，夜間にも発電することができます．

❖ トラフ式太陽熱発電はパラボリック・トラフ方式，分散方式ともいいます．

● **トラフ式太陽熱発電**は雨樋型の曲面鏡で反射させた太陽光が鏡の焦点線上に設置したパイプ内の液体を加熱し，その熱で水を蒸気に変えてタービンを回し，発電機で発電する方式です．

● 蓄熱器で昼間の熱を蓄えることにより，夜間にも発電することができます．

73

39 地熱発電はマグマの熱による熱水・蒸気で発電する

地熱発電システム ——例：フラッシュサイクル発電方式—

地熱発電は地熱貯留層の熱水・蒸気で直接タービンを回し発電する

❖火山活動により地下深くには岩石などが溶けた非常に高温のマグマ溜まりがあり，この熱で地下水などが熱せられ沸騰し，天然の熱水・水蒸気が発生する地熱貯留層が形成されています。

●地熱発電はこの地熱貯留層に貯えられた熱水・蒸気により直接タービンを回し，発電機で発電する蒸気発電方式です。

❖地熱発電には，三つの発電方式があります。

●ドライスチーム発電方式：蒸気井で得た蒸気がほとんど熱水を含まない場合，湿分除去を行うのみで蒸気タービン発電機で発電します。

●フラッシュサイクル発電方式：蒸気井で得た蒸気に多くの熱水が含まれている場合，蒸気タービン発電機に送る前に気水分離器で蒸気のみを取り分けて発電する方式で，日本での地熱発電の主流となっています。蒸気を分離した後の熱水を減圧し，さらに蒸気を得てタービン発電機

に送る方式もあります。

●バイナリーサイクル発電方式：地下の温度や圧力が低く熱水しか得られない場合，アンモニアやペンタンなど水よりも低沸点の熱媒体を熱温水で沸騰させタービン発電機を回し発電します。

❖地熱発電は地下深くの地熱貯留層から蒸気井（生産井）により高温・高圧の熱水・蒸気を取り出し，二相流体輸送管で気水分離器とフラッシャーに送って蒸気と熱水とに分離し，分離した蒸気でタービン発電機を回し発電します。

●タービンで仕事を終えた蒸気は復水器で凝縮されて温水に変わり，冷却塔で冷却されます。

●フラッシャーは気水分離器で分離された熱水を減圧膨張させて蒸気を発生しタービンに送り，残りの熱水は還元井により地下に戻されます。

●ガス抽出装置は復水器の蒸気中に含まれるガスを取り出し，冷却塔上部から排出します。

40 海洋発電には潮汐発電・海流発電がある

潮汐発電システム ──例──

潮汐の満潮時の発電

─貯水池側─　　　　　─海側─
堤防
水車タービン発電機
潮位差
水位上昇
海水は海側から貯水池側に移動する

潮汐の干潮時の発電

─貯水池側─　　　　　─海側─
堤防
潮位差
水車タービン発電機
水位下降
海水は貯水池側から海側に移動する

海流発電システム ──例──

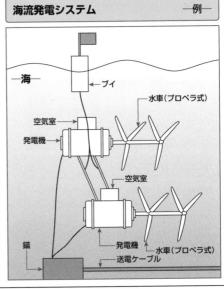

海
ブイ
水車（プロペラ式）
空気室
発電機
空気室
錨
発電機
水車（プロペラ式）
送電ケーブル

潮汐発電は潮の干満で発電し，海流発電は海流の流れで発電する

- ❖海には，波，潮の干満（潮汐），そして海流の流れなどによる運動エネルギーがあり，また太陽熱で温められた海水は熱エネルギーをもっています。こうした再生可能エネルギーを用いた発電を**海洋発電**といいます。
- ❖海洋発電には，潮汐発電，潮流発電，海流発電，波力発電，海洋温度差発電などがあります。
- これらの海洋発電は実用化されているものもあれば，研究・開発段階のものもあります。

＜潮汐発電＞

- 潮汐発電は海における潮の干満に伴う海水の移動による運動エネルギーを利用したもので，低落差水力発電の一種といえます。
- 海水は月や太陽などの引力によって，ふつう1日に2回の干満があり，時刻によって潮位が変化し潮位差を生じます。
- 潮汐発電は干満時の潮位差の大きい湾口を堤防で仕切り，湾の内側と外側の落差の大きい時間帯にその落差を利用して水車タービン発電機を回し発電します。干潮時に湾の内側からと満潮時に湾の外側からの流れで発電できます。

＜潮流発電＞

- 潮流とは潮汐現象による流れのことで，潮位差はあまり大きくなくても，海底地形が狭まったところでは，流れが強くなります。
- 潮流発電は潮流が強い海中にタービン発電機を備えて発電します。

＜海流発電＞

- 海流は太陽熱と偏西風などの風により生じる海洋の大循環流であり，地球の自転と地形により，ほぼ一定の方向に流れています。
- 海流発電は，海流による海水の流れの運動エネルギーにより水車（例：プロペラ式）を回転し，海中に設置した発電機で発電します。

41 海洋発電には波力発電・海洋温度差発電がある

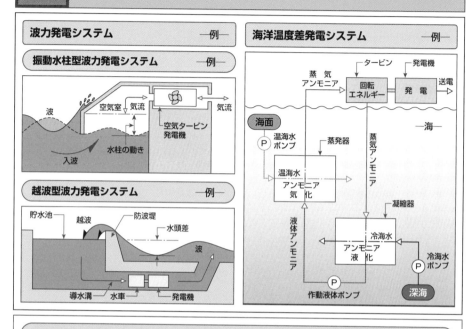

波力発電システム ―例―

振動水柱型波力発電システム ―例―

波　空気室　気流　気流　水柱の動き　入波　空気タービン発電機

越波型波力発電システム ―例―

貯水池　越波　防波堤　水頭差　波　導水溝　水車　発電機

海洋温度差発電システム ―例―

蒸気アンモニア　タービン　発電機　回転エネルギー　発電　送電　海面　海　温海水ポンプ　蒸発器　蒸気アンモニア　温海水　アンモニア気化　凝縮器　液体アンモニア　冷海水　アンモニア液化　冷海水ポンプ　作動液体ポンプ　深海

波力発電は波のもつ力で発電し，海洋温度差発電は海面と深海の温度差で発電する

❖波力発電は，海洋の波によって海面が上昇する寄せ波と下降するときの引き波のエネルギーを用いて発電する方式です．

<波力発電>

❖波力発電には，次のような発電方式があります．

● **振動水柱型波力発電**は，没水部の一部が開放された空気室を設け，寄せ波・引き波によって海面が上下する際の空気の往復振動流を用いて空気タービン（発電機）を回転させ発電します．

● **越波型波力発電**は，防波堤を築き貯水池を設けて，寄せ波で海面が上昇する際に防波堤を越えた波が貯水池に流入し，それにより貯水池に貯まった水の面と海面との落差を利用して，海に排水する際に導水溝に設置した水車タービンを回して直結した発電機で発電します．

● **可動物体型波力発電**は，波のエネルギーを可動物体を介して運動エネルギーに変換し，油圧発

生装置のピストンを動かし発電機で発電します．

<海洋温度差発電>

● 海面の海水は，太陽の熱によって温められ，深海は太陽の熱が十分届かず，年間を通して冷たい状態で安定しています．

● 海洋温度差発電は，海面付近の温かい海水と深海の冷たい海水の温度差がもつ熱エネルギーを電気エネルギーに変え発電する方式です．

● 海洋温度差発電システムは，海面付近の温かい海水を温海水ポンプで蒸発器に送り，作用媒体となる液体のアンモニアを温めて気化させ蒸気とします．この蒸気の力でタービンを回し発電機で発電します．タービンを出たアンモニアは凝縮機に送られ，冷海水ポンプで汲み上げた深海の冷たい水で冷やし液体に戻します．液体に戻したアンモニアは再び作動液体ポンプで蒸発器に送り気化し，これを繰り返して発電します．

42 燃料電池は水素と酸素の電気化学反応で発電する

燃料電池の原理

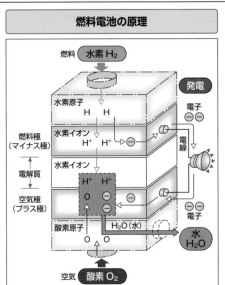

燃料電池のセルの構成

セル

電極
触媒
燃料極
電解質
空気極
セパレータ
燃料極
燃料
水素
電解質
空気極
セル
空気
セパレータ
酸素

燃料電池は酸素と水素を供給すれば発電し続ける発電装置である

❖水に電気を通りやすくするための電解質，たとえば水酸化ナトリウム水溶液を加えて，外部から電気を流すと水素と酸素に分解することを水の電気分解といいます．

● 水の電気分解とは逆に水素（H_2）と酸素（O_2）を電気化学反応させて，水（H_2O）とともに電気を生み出すのが，**燃料電池**です．

● 燃料電池は，電池と呼ばれていますが，燃料となる酸素と水素を供給し続けることで，電気を発生し続ける発電装置といえます．

● 燃料電池では，水素は都市ガスの原料である天然ガスなどから取り出し，酸素は空気中にあるものを利用します．

❖燃料電池を形成する単位を**セル**といいます．

● セルはサンドイッチのような構造をしており，空気極（プラス極）と燃料極（マイナス極）が電解質を挟んだかたちとなっています．

❖燃料電池の燃料極から水素（H_2）を送ると水素は触媒の働きで，電子を切り離して水素イオンになります．

● 電解質はイオンしか通さないという性質をもっているため，切り離された電子はマイナス極（燃料極）から外の電線を通ってプラス極（空気極）に移動します．—これは電流が流れたことなので電気が発生，つまり発電したことになる—

● 水素イオンは，電解質を通り空気極から送られた酸素（O_2）と外部から電線を通って戻ってきた電子と反応して水（H_2O）になります．

❖一つのセルがつくる電気は限られているので大きい電気を得るためにセルを積み重ね（電池の直列接続），これを**セルスタック**といいます．

● セルとセルの間にセパレータを入れ，水素と酸素を仕切り，さらに電気的につなぐ役割をし，溝を切って水素や酸素，冷却水の流路とします．

8 送電は発電電力を配電用変電所に送る

43 送電系統はすべて接続し電力を相互供給する

日本の送電線の基幹連系系統図

送電には交流送電と直流送電がある　　　　　　　　　　　　　　　　　　　　—交流送電が主流—

❖発電所で発電された電力は, 非常に高い電圧で送電線により野山を越え, いくつもの変電所を通って, 少しずつ電圧を下げながら配電用変電所に送られ, 配電線により電力を使用する需要家に給電されます.

● 送電とは, 発電所で発電された電力を配電用変電所まで送ることをいいます.

● 変電所から工場・ビル・商店・住宅などの需要家に電力を届けることを配電といいます.

❖送電には, 交流送電と直流送電があります.

❖交流送電とは, 三相交流電圧を変圧器を使用して電圧変換し, 送電する方式をいいます.

● 変圧器により容易に電圧の変換が可能です.

● 交流は零点があり遮断が直流に比べ容易です.

● 3条の導体が必要で直流よりコストを要します.

● 交流電圧(実効値)の$\sqrt{2}$倍の最大値電圧に対して絶縁を強化する必要があります.

❖直流送電とは, 三相交流電力を直流電力に変換し, 送電する方式をいいます.

● 2条の導体で送電することができます.

● 直流・交流変換設備にコストがかかります.

❖北海道から九州までの送電系統はすべて送電線でつなげ, これを全国基幹連系系統といいます.

● 東日本は周波数50Hz, 西日本は60Hzと, 同一周波数の電力を用いる電気事業者(沖縄を除く)では互いの電力網を接続し合い, 周波数の異なる電力網同士も周波数変換所を設けて電力を相互に供給し合い供給の安定化を図っています.

44 送電電圧は高くし需要地近くで降圧する

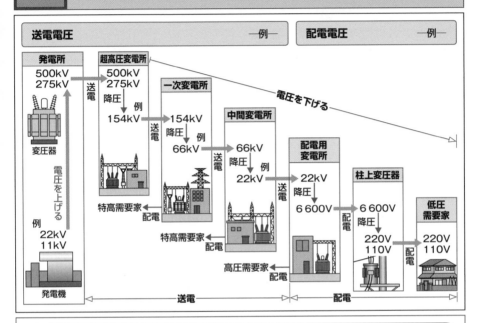

送電は電力損失を少なくするために電圧を高くする ―三相交流にて送電―

❖発電所で発電された電力は，三相交流で電力損失を少なくするため，基幹長距離送電の区間では非常に高い電圧で送電し，需要地にできるだけ近い場所で何段かに分けて電圧を下げます．

❖発電所の発電機で発電される交流三相電力は，たとえば11kV・22kVの電圧ですが，これを発電所内の変圧器で超高電圧275kV，超超高電圧500kVに昇圧し，基幹系統として送電線に送り出されます．

●基幹系統の超高電圧275kV，超超高電圧500kVの電力は，各地の超高圧変電所に送電され，特別高圧，たとえば154kVに降圧されます．

●超高圧変電所からの154kVの電力は，一次変電所に送電され，一次変電所でたとえば66kVに降圧されて，中間変電所，鉄道会社変電所に送電し，大規模工場に配電します．

●一次変電所からの66kVの電力は，中間変電所で22kVに降圧して大規模工場・ビルに配電し中間変電所から配電用変電所に送電されます．

❖高い電圧で送電する理由は以下のとおりです．

●送電線には電気抵抗があり，抵抗に電流が流れるとジュールの法則により熱が発生し，送る電力が失われます．これを電力損失といいます．

●ジュール熱は電流の2乗に比例するので，電流を小さくすれば電力損失を減らせます．

●電力は電圧と電流の積に比例するので，同じ電力を得るには電圧を高くすれば電流が小さくなり，電力損失を減らせるからです．

❖発電所で発電された三相交流電力が，三相交流のまま送電される理由は以下のとおりです．

●三相交流は，3系統の6本の送電線のうち，戻り線3本を1本にまとめると，その電線には電流が流れなくなり，戻り線すべてを省略でき，残り3本の電線だけで送電できるからです．

45 架空送電線は空中に電線を張り電力を送る

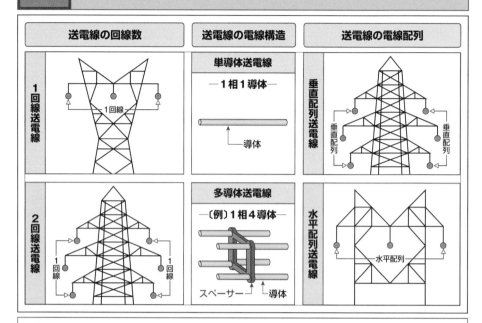

| 送電線の回線数 | 送電線の電線構造 | 送電線の電線配列 |

架空送電線は回線数，電線の配列，電線の構造などにより分類される

- ❖発電所から変電所あるいは変電所と変電所同士の間を結んで大量の電力を高い電圧で送る役目をするのが，**送電線**です．
- ●送電線には架空送電線と地中送電線(83ページ参照)があります．
- ❖**架空送電線**とは，塔・柱を使って空中に電線を架け渡して電力を送る送電線をいいます．
- ❖架空送電線を分類すると次のようになります．
  ### <回線数による分類>
- ●発電所で発電された三相交流電力を3本の電線で送電する一つの単位を**回線**といいます．
- ●塔・柱の支持物にがいしを介して3本の電力線が張ってある送電線は**1回線送電線**といい，6本張ってあれば**2回線送電線**といいます．
- ●送電線には，片方の回線が故障した場合，他方の回線で電力を供給し停電を回避する，2回線送電線が最も多く用いられています．

<電線の配列による分類>
- ●送電線の電線配列には，垂直配列と水平配列があります．
- ●**垂直配列**とは，支持物に対し1回線3本の電力線を垂直(縦)に並べて張ることをいいます．
- ●2回線送電線では，支持物に対し左右対称に垂直に3本ずつ，合計6本の電力線を張ります．
- ●三相3線式送電線では，2回線垂直配列送電線が，最も多く用いられています．
- ●**水平配列**とは，支持物に対し1回線3本の電力線を水平(横)に並べて張ることをいいます．
  ### <電線構造による分類>
- ●三相3線式送電線で，一相に対し1本の電線を張ることを**単導体送電線**，一相に対し複数の電線を張ることを**多導体送電線**といいます．
- ●多導体送電線は，電線相互にスペーサーを入れて間隔をもたせ，その断面を正多角形にします．

46 架空送電線に用いられる電線とがいし

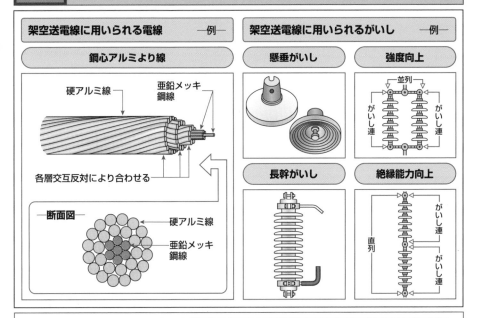

架空送電線の電線は鋼心アルミより線が多く用いられる

❖架空送電線は電線，がいし，アークホーン，塔・柱，架空地線などから構成されます．

❖架空送電線に使用する電線は，すべて絶縁被覆を施さない裸電線で，素線を数本～数十本より合わせたより線が用いられます．

● 裸電線を使用するのは，電線に電流を流すと電気抵抗によりジュール熱が発生するので，熱の放散をよくして温度上昇を抑えるためです．

❖ほとんどの架空送電線では，鋼心アルミより線が使用されています．

● **鋼心アルミより線**とは電線の中心に亜鉛メッキ鋼線を配置し，その周囲に硬アルミ線を同じ円に各層交互反対により合わせた電線です．

―アルミ線は強度に劣るので鋼線で補強する―

● アルミ線を使用するのは，銅線に比べて導電率は低いですが軽量なので，鉄塔に加わる荷重を少なくするのに適しているからです．

❖**がいし**は，電流が流れる送電線と鉄塔を電気絶縁するためのもので，高い絶縁能力とともに送電線を支える機械的強度が必要です．

● がいしは，電気的絶縁性とともに野外での耐候性，機械的強度が求められることから，多くは磁器を素材としています．

● がいしは送電電圧や所要強度に応じて必要な個数を連結して用い，これを**がいし連**といいます．

● 一連で強度が足りないときは二連，三連と並列に増やし，絶縁能力を高めるときは，連を直列に連結します．

❖送電線には，懸垂がいし，長幹がいしなどが用いられます．

● **懸垂がいし**は笠状の磁器絶縁層の両端に連結用金具を接着したがいしです．

● **長幹がいし**は中実状のひだ付き磁器棒の両端に連結金具を接着したがいしです．

47 架空送電線の鉄塔・架空地線・アークホーン

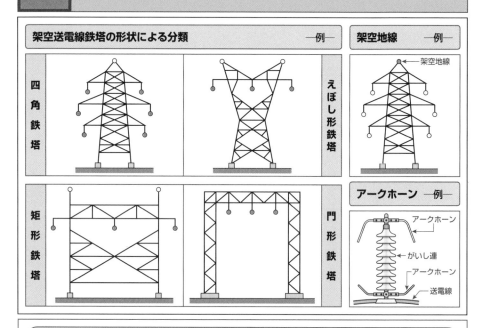

架空送電線鉄塔の形状による分類 ——例——

四角鉄塔

矩形鉄塔

えぼし形鉄塔

門形鉄塔

架空地線 ——例——

架空地線

アークホーン ——例——

アークホーン
がいし連
アークホーン
送電線

鉄塔は送電線を支え，架空地線・アークホーンは落雷事故を防ぐ

❖架空送電線に用いられる鉄塔は，その形状により，四角鉄塔，矩形鉄塔，えぼし形鉄塔，門形鉄塔などがあります．

❖**四角鉄塔**は，4本の主柱の土台が四角に配置され，そこから一つの頂点に向かって組み上がる四面同形の最も広く用いられている鉄塔です．

●腕木を外に伸ばして送電線を支持し，その強度は電線路方向と，これに直角方向に対して相等しく保たれています．

❖**矩形鉄塔**は，4本の主柱の土台が長方形に配置され，頂点を二つもつ鉄塔です．

●相対する二面が同一の形と強度を有し，電線路方向と直角方向では，強度が異なります．

❖**えぼし形鉄塔**は，鉄塔の中ほどから上を広げた形状で，超高圧送電線や雪の多い山岳地の1回線（水平配列）鉄塔などに使用されます．

❖**門形鉄塔**は，**ガントリー鉄塔**ともいい，送電線が鉄道線路や水路・道路などの上をまたいで建設される鉄塔です．

❖架空送電線の鉄塔上部の電線路方向に短区間ごとに接地した導体が張られています．これを**架空地線**（グランドワイヤ）といいます．

●架空地線は，送電線への雷除けの避雷線で，雷直撃時の逆フラッシオーバの防止，誘導雷サージの低減，近傍落雷時に電線や鉄塔に発現するコロナ抑制などに効果があります．

●架空地線の導体はアルミ線を用いますが，通信線機能をもつ光ファイバ内蔵のものもあります．

❖さらに落雷に対して，架空送電線のがいし連の両端にはアークホーンが取り付けてあります．

●**アークホーン**は送電流ではアークを生じず，落雷時にがいし連を通らずに両端のアークホーンの間でアーク放電して，がいしを破壊から守ります．

48 地中送電は大地に送電線を埋設し電力を送る

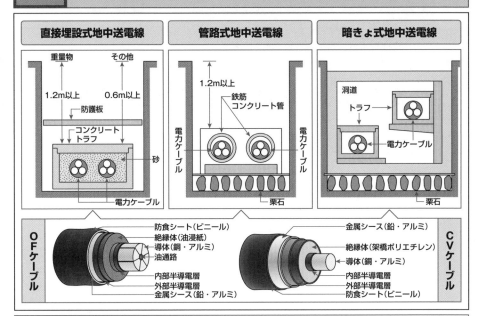

| 直接埋設式地中送電線 | 管路式地中送電線 | 暗きょ式地中送電線 |

OFケーブル
- 防食シート(ビニール)
- 絶縁体(油浸紙)
- 導体(銅・アルミ)
- 油通路
- 内部半導電層
- 外部半導電層
- 金属シース(鉛・アルミ)

CVケーブル
- 金属シース(鉛・アルミ)
- 絶縁体(架橋ポリエチレン)
- 導体(銅・アルミ)
- 内部半導電層
- 外部半導電層
- 防食シート(ビニール)

地中送電線の布設方式には直接埋設式・管路式・暗きょ式がある ―電力ケーブル―

❖ **地中送電線**とは,大地に埋設した送電線で電力を送るものです.

● 地中送電線は暴風雨,雪,雷といった自然現象などの影響を受けない反面,架空送電線に比べて送電容量が小さく,建設費も高く,事故箇所の検出・修復に時間がかかります.

● 地中送電線は,架空送電線の施設制限を受ける都会地,美観を必要とする風致地区などに,主に施設されます.

❖ 地中送電線の布設方式には,直接埋設式,管路式,暗きょ式などがあります.

❖ **直接埋設式**は,大地中に線路を直接埋設します.

● 線路防護のため土管や鉄筋コンクリートなどのトラフの中に電力ケーブルを納め埋設します.

● 線路の埋設深さは,車道など重量物の圧力を受ける場所で土冠り1.2 m,その他の場所で0.6 mとされています.

❖ **管路式**は,鉄筋コンクリート管,鋼管,硬質ビニール管などを継ぎ合わせて埋設し,その中に電力ケーブルを引き入れます.

❖ **暗きょ式**は,地下に洞道(暗きょ)を施設し,その中に電力ケーブルを布設します.

❖ 地中送電用電力ケーブルの代表的なものに,OFケーブルとCVケーブル(架橋ポリエチレンケーブル)があります.

● CVケーブルが,工事や保守が容易なことから多く使われています.

● **OFケーブル**は,単心では導体の中心に,3心では介在ジュート充てん部に油通路を設け,外部油槽から絶縁油を加圧し,絶縁体の上に金属シースを設け,さらに防食シースを施します.

● **CVケーブル**は,絶縁体として架橋ポリエチレンを使用し,絶縁層の上に金属シースを設け,さらに防食シースを施します.

9 変電所は送配電系統で電圧を変換する

49 変電所には送電用変電所と配電用変電所がある

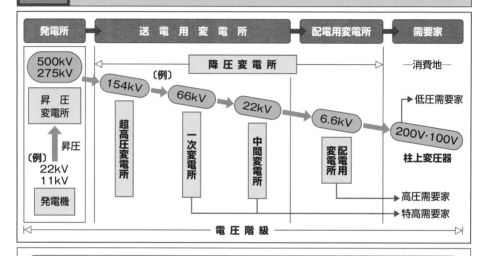

変電所は送電系統において発電所からの電圧を順次下げて需要家に送る

- 送電電力は，送電電圧と電流の積に比例し，また，電力損失は電流の2乗に比例するので，送電電圧を高くし，小さい電流で送電すれば，送電中の電力損失を少なくすることができます．

- そこで，送電系統においては，発電所で電圧を高くして送電し，電力消費地では低い電圧を必要とするので，消費地に近づくにつれて順次電圧を下げています．この電圧を高くし，また低くする各段階を**電圧階級**といい，各階級の間にそれに対応する変電所が設置されます．

- 変電所には，発電所内変電所と送電用変電所，配電用変電所があります．

- **送電用変電所**は，送電系統の途中に設置され，超高圧変電所，一次変電所，中間変電所などが

あり，それぞれ電圧の変換（変圧）を行っています．

- **配電用変電所**は，送電用変電所から送られてきた高い電圧を，消費地が必要とする低い電圧に下げた電力を配電系統に給電します．

- 送電用変電所，配電用変電所の多くは高い電圧を低い電圧に下げるので**降圧変電所**といいます．

- これに対して発電所内に設置する変電所は，発電電圧を高くした電力を，発電所から送り出すので，**昇圧変電所**といいます．

- このほかに，変電所は複数の発電所からの送電線を集合し，また必要に応じて各所へ分配するなど，電力の流れを制御して電力の流通を図る機能もあります．

50 変電所の形式・形態による種類

変電所の形式のいろいろ

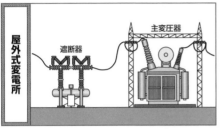

屋外式変電所

遮断器　主変圧器

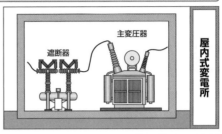

屋内式変電所

主変圧器

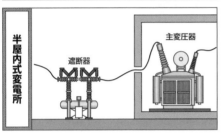

半屋内式変電所

遮断器　主変圧器

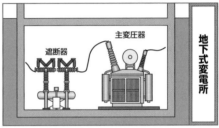

地下式変電所

遮断器　主変圧器

変電所には形式と形態によりいろいろな種類がある

❖変電所には，次のような形式があります．

<屋外式変電所>

● 変電所の変圧器や開閉器などの主要設備を屋外に平面的に配置し，配電盤などの制御機器を屋内に配置する形式です．

● この形式は，多くの変電所に用いられています．

<半屋外式変電所>

● 変電所の主要機器である開閉器を主に塩害対策として屋内に設置し，その他の設備を屋外に設置する形式です．

<屋内式変電所>

● 変電所の変圧器や開閉器などの主要設備を屋内に設置する形式です．

● この形式は，海岸線の近くに設置する際の塩害対策としての効果が得られます．

<半屋内式変電所>

● 変電所の主要機器である変圧器を主に騒音対策として屋内に設置し，その他の設備を屋外に設置する形式です．

<地下式変電所>

● 変電所の主要機器を地下に設置する形式です．

● この形式は，都市部で変電所用地取得の困難さや土地の有効活用の面で採用されています．

❖変電所には，次のような形態があります．

<気中絶縁形変電所>

● 変電所の回路の主要部分の絶縁が空気によって行われる変電所です．

● この形式は，空気中にて，回路をがいしなどで間隔をおいて保持することにより，他の回路や大地との間を絶縁します．

< GIS 変電所>

● 絶縁性能の高い六フッ化硫黄(SF_6)ガスを利用したガス絶縁開閉装置（GIS）を用いて回路の主要部分を構成する変電所です．

51 変電所を構成する機器の機能（その１）

変電所のしくみ（概要）

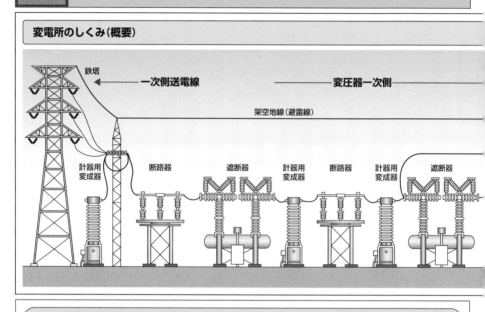

鉄塔

一次側送電線 ←

変圧器一次側

架空地線（避雷線）

計器用変成器　断路器　遮断器　計器用変成器　断路器　計器用変成器　遮断器

変電所を構成する断路器・遮断器・計器用変成器の機能

❖変電所の主要設備としては，断路器，遮断器，計器用変成器，避雷器，変圧器，調相設備，保護継電器などがあり，これらの機器を接続して電路を確保する電線（母線）があります．

❖**断路器**は，送配電線や変電所機器の点検の際，これらを回路から切り離したり，系統運用上回路を切り換えたりするために設けます．

●断路器は定格電圧のもとにおいて，単に充電された電路を開閉するために用いられ，負荷電流の開閉を行うものではありません．

●断路器は，一般に大気圧空気を絶縁に用いますが，ガス絶縁開閉装置（GIS）に適用する断路器は，SF_6（六フッ化硫黄）ガスを絶縁に用いています．

❖**遮断器**は，送配電線や変電所母線，機器などの短絡故障時に，その回路を自動遮断するための開閉器ですが，平常時は回路の開閉操作に用いられます（89ページ参照）．

●遮断器は，常規状態の電路のほか，異常状態，特に短絡状態における電路をも開閉し得る開閉器です．

❖**計器用変成器**は，保護継電器などとともに使用する電流および電圧の変成器で，計器用変圧器，変流器の総称です．

●計器用変圧器とは，ある電圧をこれに比例する電圧に変成する計器用変成器をいいます．

●巻線形計器用変圧器は，一次・二次巻線により系統回路電圧を変成するもので，高い電圧階級では，油入式や SF_6 ガス絶縁式が多いです．

●**変流器**とは，ある電流値をこれに比例する電流値に変成する計器用変成器です．

●**零相変流器**とは，線路電流中に含まれる零相電流（地絡電流）を変成する変流器です．

●零相変流器は三相ケーブルまたは導体を鉄心の窓内に入れ磁気的に三相を結合させて，一相地絡時にのみ地絡電流を検出する変流器です．

52 変電所を構成する機器の機能(その2)

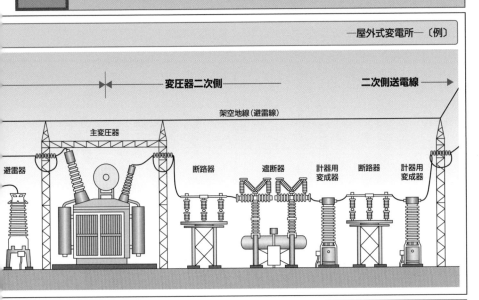

―屋外式変電所―〔例〕

変圧器二次側 — 二次側送電線→

架空地線(避雷線)

主変圧器

避雷器　　　　　　　　　断路器　　遮断器　　計器用　　断路器　　計器用
　　　　　　　　　　　　　　　　　　　　　　　変成器　　　　　　　変成器

変電所を構成する避雷器・変圧器・調相設備, 保護継電器の機能

❖**避雷器**(サージ防護デバイス)は, 雷または回路の開閉などに起因する過電圧の波高値がある値を超えた場合, 放電により過電圧を制限して, 電気施設の絶縁を保護し, かつ, 続流を短時間のうちに遮断して系統の正常な状態を乱すことなく, 原状に自復する機能をもつ機器です.

● 酸化亜鉛(ZnO)粉末の焼結体を主成分とする高非直線抵抗素子を使用した酸化亜鉛形避雷器が, 送配電系統の避雷器として多く用いられています.

❖**変圧器**は, 変電所における最も基本的な装置で, 電磁誘導現象を利用して交流の電圧を変換(変圧)する装置です(次ページ参照).

● 送電用変電所および配電用変電所では, 電力用変圧器が使用されています.

❖**調相設備**は, 無効電力を制御することによって送電線損失を軽減し, 送電容量の確保と系統電圧変動を抑制するために設置され, 次のような

ものがあります.

● **分路リアクトル**は, 長距離送電線において, 線路の充電容量のための受電端電圧の上昇を抑制するとともに, 開閉サージを抑制します.

● **電力用コンデンサ**は, 送配電系統の無効電力調整に用いられます.

❖**保護継電器**は, 変電所の変圧器などの主要機器および送電系統のどこかに短絡または地絡故障などが発生したとき, または絶縁破壊の原因となるような異常状態を検出し, その部分を直ちに系統から切り離すための指令を出します.

● 保護継電器は, 保護対象区間によって送電線用, 変電所母線用, 変圧器用などがあります.

● 保護継電器は保護機能によって, 過電流継電器, 過電圧継電器, 電力継電器, 距離継電器などがあります.

53 変圧器は電磁誘導作用により電圧を変換する

変圧器の原理

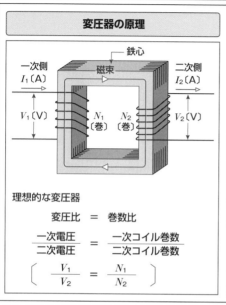

理想的な変圧器

$$変圧比 = 巻数比$$

$$\frac{一次電圧}{二次電圧} = \frac{一次コイル巻数}{二次コイル巻数}$$

$$\left[\; \frac{V_1}{V_2} = \frac{N_1}{N_2} \;\right]$$

変圧器の構造　　　　—内鉄形・外鉄形—

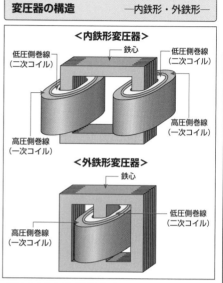

変圧器には内鉄形と外鉄形がある　　　　—鉄心と巻線の配置のしかた—

❖ **変圧器**とは，鉄心と二つまたは三つ以上の巻線を有し，かつそれらが相互に位置を変えない装置で，一つまたは二つ以上の回路から交流電力を受け，電磁誘導作用により電圧および電流を変成して，他の一つまたは二つ以上の回路に同一周波数の交流電力を供給する装置をいいます.

● 変圧器は，磁気的に結合した複数のコイルからなり，コイル内外に磁気回路を伴うもので，コイルに使用する導線を巻線といいます.

● 特に2個のコイルからなる場合は，入力側のコイルを一次コイル，出力側のコイルを二次コイルといいます.

● 一次回路と二次回路を電磁誘導作用で結合する磁気回路として，鉄心が用いられます.

● 変圧器の鉄心には，鉄損が少なく飽和磁束密度，透磁率の大きい材料が適しており，ケイ素鋼板が多く用いられています.

● 変圧器の巻線には，絶縁被覆を有する軟銅線が用いられ，断面形状は一般的には丸形ですが，大形用には導体断面積を大きくできる角形が用いられています.

● 複数の二次電圧が必要な場合や電圧の調整が必要な場合は巻線の途中からタップを出します.

❖ 変圧器には，鉄心と巻線の配置により，内鉄形と外鉄形があります.

● **内鉄形**は，一次巻線と二次巻線が磁気回路を囲んで配置したものであり，**外鉄形**は一次巻線と二次巻線を磁気回路が囲んでいる構造です.

❖ 変圧器によって電圧を変換することを**変圧**といい，電圧を上昇させることを**昇圧**，逆に下降させることを**降圧**といいます.

❖ 変圧器では，主に鉄心の磁歪現象により振動と騒音が発生するので，住宅地に設置する場合などには騒音対策が必要になることがあります.

54 遮断器はアーク放電を消弧し電流を遮断する

ガス遮断器の消弧原理 —パッファ式—

❖パッファ式ガス遮断器は，電極を開く動作に連動してピストンを駆動し，六フッ化硫黄（SF_6）を電極部分に吹き出し，アーク放電を消弧します．

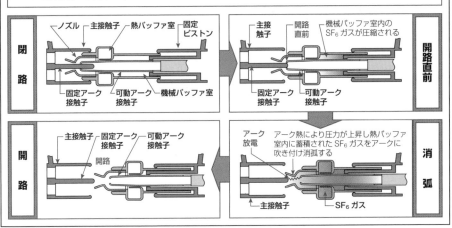

遮断器には油遮断器・磁気遮断器・空気遮断器・真空遮断器・ガス遮断器がある

❖遮断器は，電力回路の正常動作時の負荷電流を開閉するとともに，保護継電器と連動して事故電流などを遮断し，事故の波及を防止します．

● 大電流が流れる電力回路では，電流を遮断するために開閉器を開放しても電極間にアーク放電が発生し，電流が流れ続ける現象があります．

❖遮断器には，アーク放電を消滅させる消弧方式によって，次のような種類があります．

● 油遮断器は，絶縁油を満たした容器内に開閉接点を置く構造で，電極開放時に電極間にアーク放電が発生し，周囲の絶縁油は水素を主体とする混合気体に分解されます．水素は熱伝導性なので，電極を冷却しアーク放電を消滅します．

● 磁気遮断器は，電流を遮断した際に発生するアーク放電が電磁力によって吸引され，くし状のひだを織り重ねたアークシュートで消滅します．

● 空気遮断器は，電極の開放と同時に圧縮空気による空気流を発生させ，圧力変化に伴う断熱膨張により電極間に発生したアーク放電を冷却しイオン化した空気とともに器外へ排出します．

● 真空遮断器は，高真空の容器に電極を収めた構造で，電路を開放した際，電極間には電極より蒸発した粒子と電子によって構成されるアークが発生します．アークは高真空中で拡散し消滅します．

● ガス遮断器は，電流を遮断する際に電極間に発生するアーク放電に対し，六フッ化硫黄（SF_6）を吹き付けることで，アークを消滅させます．

● 六フッ化硫黄は，絶縁性が高く，熱伝導性もよいので，アーク放電によって過熱した電極を冷却することができます．

❖油遮断器は絶縁油を必要としない空気遮断器に代わり，現在，大容量のものはガス遮断器へ，小容量のものは真空遮断器へと移行しています．

10 配電は需要家に電力を配る

55 配電線路の種類

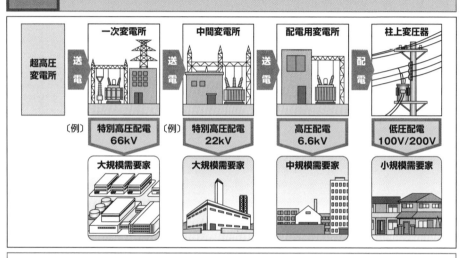

配電線路には特別高圧配電線路・高圧配電線路・低圧配電線路がある

❖ **配電線路**とは"発電所, 変電所もしくは送電線路と需要設備との間または需要設備相互間の電線路およびこれに附属する開閉所その他の電気工作物をいう"と電気事業法施行規則に定義されています.

● 配電線路を簡単にいえば, 送電用変電所または配電用変電所の出口から, 電力の消費者である需要家の引込口までの電力系統のことです.

● 配電設備とは, 送電用変電所または配電用変電所の出口から需要家に至る設備をいいます.

❖ 配電線路は電線路の電圧により特別高圧配電線路, 高圧配電線路, 低圧配電線路があります.

● **特別高圧配電線路**は, たとえば中間変電所から20kV級配電線路により大規模な工場・ビルの

大口需要家, 都市部のきわめて高負荷密度地域への電力供給力の確保の面から採用されます.
—20kV級配電線路は, 22kV配電線路, 33kV配電線路の総称です—

● **高圧配電線路**は, 配電用変電所二次側から6.6kVで引き出す線路で, 高圧需要家および配電用柱上変圧器へ電力を供給します.

● **低圧配電線路**は, 配電用柱上変圧器二次側から, 一般に100V・200Vで引き出す線路で住宅・商店, 小規模ビル・工場に電力を供給します.

❖ 配電線路の供給方式には, 樹枝状方式とループ方式とがあります(93ページ参照).

❖ 配電線路の施設方式には, 架空配電線路と地中配電線路があります(95ページ参照).

56 配電線路の配電方式（その１）

配電方式の単相交流方式と三相交流方式

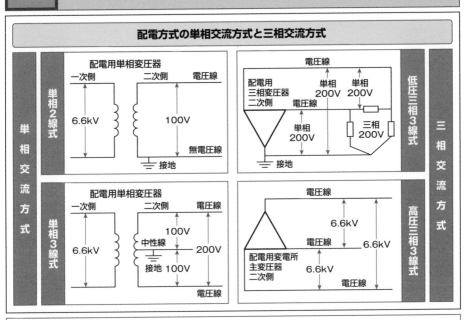

配電方式　　　　　　　　　　　—単相２線式・単相３線式・低圧三相３線式—

- ❖配電線路の配電方式には，単相交流方式と三相交流方式があります.
  ＜単相交流方式＞
- ❖単相交流方式には，単相２線式と単相３線式があります.
- ◉**単相２線式**は，配電用単相変圧器二次側から単相交流電力を，電圧線１線と接地された無電圧線１線（中性線）の合計２線の電線・ケーブルを用いて供給する低圧配電方式です.
- ●単相２線式100Vは，単相３線式に比べ同じ電力を送るために必要な電線質量が多いので，かつては一般住宅用として主力でしたが，ごく小容量の引込線などに用いられています.
- ◉**単相３線式**は，配電用単相変圧器の２個の低圧巻線を直列に接続し，その接続点から中性線を引き出し，両側の電圧線とともに３線で，単相交流電力を供給する低圧配電方式です.

- ●単相３線式は，電力損失が軽減でき，電線質量を節約できるなどの特徴がありますが，両端の負荷平衡をとる必要があります.
- ●単相３線式200V／100Vは，電灯負荷を利用する小規模需要家とともに，一般家庭でもルームエアコンなど200Vの電気器具設置が増えていることから住宅では主流となっています.
  ＜三相交流方式＞
- ❖三相交流方式には，三相３線式，三相４線式があります.
- ◉**低圧三相３線式**は，配電用三相変圧器二次側から電圧のかからない接地された線と，他の端子から対地電圧200Vの電圧がかかった電圧線の２線を引き出し，２線を接続して単相200V負荷に，３線を接続して三相200V負荷に供給します. —低圧線の接地は一端子でとる—

—次ページに続く—

57 配電線路の配電方式（その２）

配電方式　　―三相３線式・三相４線式―

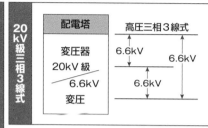

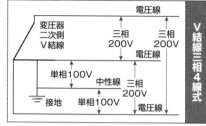

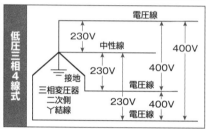

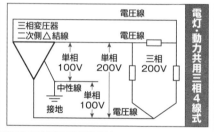

配電方式　　―高圧三相３線式・20kV級三相３線式・低圧三相４線式・V結線三相４線式―

- 低圧三相３線式200Vは，小規模工場・ビルなど三相200V負荷を利用する需要家に利用されています（前ページ図）．

- ◉高圧三相３線式は，配電用変電所の主要変圧器の△（デルタ）巻線から３線を引き出し，三相高圧電力を需要家に供給します（前ページ図）．

- 高圧三相３線式6.6kVは，高圧受電設備を有するビル・工場などの需要家に利用されています．

- ◉20kV級三相３線式は，変圧器・遮断器・制御機器が一体となった配電塔の主変圧器で20kV級／6.6kVに変圧され，高圧三相３線式配電線に供給されます．

- ◉低圧三相４線式は，三相変圧器の二次側を Y（スター）結線とし，二次側中性点から，電圧のかからない接地された中性線と，他の端子から対地電圧230Vの電圧がかかった電圧線を３線引き出します．

- 低圧三相４線式400／230Vは，電圧線と中性線を単相230V負荷に接続し，電圧線３線を接続して，三相400V負荷に接続します．

- 低圧三相４線式は，電線路の地中化などとともに需要密度の高い都市部などに利用されます．

- ◉V結線三相４線式は，V結線三相３線式200Vと，単相３線式100／200Vを組み合わせた方式です．

- ◉電灯・動力共用三相４線式は，三相変圧器二次側△（デルタ）結線の一辺の中間点から，電圧のかからない接地された中性線と，他の端子から対地電圧100Vの電圧がかかった電圧線２線を引き出します．

- 対地電圧100Vの電圧線と中性線を接続して単相100V負荷に，電圧線３線を接続して三相200V負荷に供給し，単相100V負荷を接続する辺の巻線容量は他より大きくなっています．

58 配電線路の供給方式

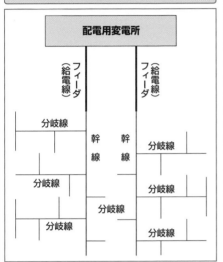

樹枝状方式

配電用変電所

フィーダ（給電線）　フィーダ（給電線）

幹線　幹線

分岐線

分岐線

分岐線

分岐線

分岐線

分岐線

分岐線

分岐線

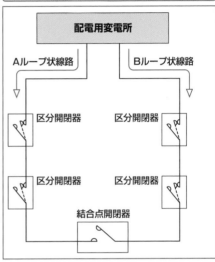

ループ方式

配電用変電所

Aループ状線路　Bループ状線路

区分開閉器　区分開閉器

区分開閉器　区分開閉器

結合点開閉器

配電線路の供給方式　　　　　　　　　―樹枝状方式・ループ方式―

❖配電線路の供給方式として，樹枝状方式とループ方式について説明します．

＜樹枝状方式＞

❖**樹枝状方式**は，**放射状方式**ともいい，配電用変電所からの配電線路は，フィーダ（給電線）から引き出した幹線から木の枝のように分岐線を出し，需要家に給電する方式です．

　―フィーダ（給電線）とは，変電所から需要点に至るまでの途中に分岐や負荷接続のない部分をいう―

● 樹枝状方式は，１か所の配電用変電所から電力が需要家に向かって一方向に供給されます．

● 樹枝状方式は，高圧配電線路，低圧配電線路に多く用いられています．

● 樹枝状方式は，幹線から分岐線を敷設するだけで新規需要に対応できます．

● 樹枝状方式は，分岐線の事故に対しては，分岐

線を開放し停電範囲を局所化できますが，幹線の事故時には，停電が広範囲となります．

＜ループ方式＞

❖**ループ方式**は，**環状方式**ともいい，別ルートの二つの樹枝状線路の幹線を結合点開閉器で結んでループ状（環状）に連結する方式です．

● ループ方式には，結合点の開閉器を常時は開いておいて故障発生時に閉じる常時開路式と，結合開閉器を常時閉路してループ運転を行う常時閉路式があります．

　―常時開路式が多く用いられている―

● ループ方式は，事故が発生すると事故点両側の区分開閉器を開くので健全区間は給電されます．

● ループ方式は，電圧降下や電力損失が軽減されます．

● ループ方式は，設備費が高いので，大都市のような負荷密度の高いところで使用されます．

59 配電線路からの需要家の受電方式

1回線受電方式

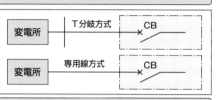

本線・予備線受電方式

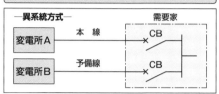

ループ受電方式

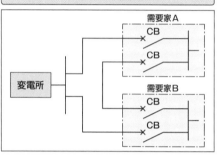

スポットネットワーク受電方式

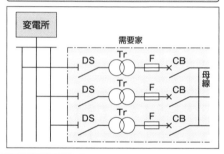

受電方式　　—1回線受電，本線・予備線受電，ループ受電，スポットネットワーク受電—

❖配電線路からの受電方式について以下に示します．

＜1回線受電方式＞

● 1回線受電方式は，需要家が配電用変電所から1回線で受電する方式で，T分岐方式と専用線方式があります．

● T分岐方式は，配電線路に数多くの需要家がT分岐して受電し，経済的なので，一般的にこの方式が多く用いられていますが，他の需要家の事故の影響を受けやすい欠点があります．

● 専用線方式は，需要家が配電用変電所から専用線で受電する方式です．

＜本線・予備線受電方式＞

❖本線・予備線受電方式は，需要家が配電用変電所から，本線と予備線の2回線で受電する方式で，同系統方式と異系統方式があります．

● 同系統方式は，本線と予備線を同じ変電所から受電し，異系統方式は変電所の事故に備えて，本線と予備線を異なる変電所から受電します．

● この方式は，本線事故時に本線から予備線に切り換え，短時間の停電で給電を継続できます．

＜ループ受電方式＞

❖ループ受電方式は，需要家と配電線路をループ状に構成して，常時2回線で受電する方式です．

● この方式は常に二方向から受電しているので，片方の回線が故障しても，他方の回線から電力が供給され，無停電状態を維持できます．

＜スポットネットワーク受電方式＞

❖スポットネットワーク受電方式は，変電所の複数回線（一般的には3回線）からT分岐で引き込み，受電用断路器DSを経てネットワーク変圧器Trに接続し，ヒューズFと遮断器CBを通して母線を構成し，受電する方式です．

● この方式は，1回線が故障しても残りの回線（2回線）から電力供給が維持されます．

60 架空配電線路と地中配電線路

架空配電線路 ─配電柱装備例─

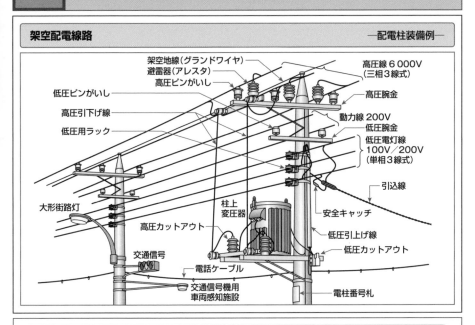

架空地線（グランドワイヤ）
避雷器（アレスタ）
高圧ピンがいし
低圧ピンがいし
高圧引下げ線
低圧用ラック
大形街路灯
高圧カットアウト
交通信号
電話ケーブル
交通信号機用
車両感知施設
柱上変圧器

高圧線 6 000V
（三相3線式）
高圧腕金
動力線 200V
低圧腕金
低圧電灯線
100V／200V
（単相3線式）
引込線
安全キャッチ
低圧引上げ線
低圧カットアウト
電柱番号札

配電線路には架空配電線路と地中配電線路がある

❖配電線路は，線路の施設方式により，架空配電線路と地中配電線路があります.

＜架空配電線路＞

❖架空配電線路は，変電所から需要家の引込みまで，支持物を使って空中に電線を架け渡して電力を送る線路で，主に用いられています.

● 架空配電線路の電線には，屋外用鋼心アルミ導体ポリエチレン電線（OE線）が高圧配電線路に，また，屋外用鋼心アルミ導体ビニル電線（OW線）が低圧配電線路に多く用いられています.

● 架空配電線路に使用するがいしには，高圧ピンがいし，中実がいし，耐長がいしなどの高圧がいしと，低圧ピンがいし，低圧引留がいしなどの低圧がいしがあります.

● 架空配電線路の支持物には，鉄筋コンクリート柱，鉄柱，木柱などがありますが，鉄筋コンクリート柱が主に使用されています.

● 高圧を低圧に降圧して需要家に電力を供給する配電用変圧器（柱上変圧器）には，50kVA以下の単相変圧器が多く用いられています.

＜地中配電線路＞

❖地中配電線路は，電力の供給力の確保，都市化対応から，高負荷密度の都市中心部，新興住宅地などで施設されています.

● 地中配電線路には，電線にケーブルが使用されています. ケーブルの布設方法には，直接埋設式，管路式，暗きょ式があります.

● 地中配電系統に使用される機器には，高圧ケーブルの分岐用として多回路開閉器，高圧自家用需要家への分岐用として供給用配電箱（高圧キャビネット）などがあります. また，低圧需要家供給用として路上設置用の地上変圧器，地中設置用の直埋変圧器，低圧ケーブルの分岐用として低圧分岐装置などがあります.

資料　高圧架空引込線による高圧需要家への引込み

❖**高圧架空引込線**とは，一般送配電事業者の高圧配電線路の架空電線支持物から他の支持物を経ないで高圧需要家の構内引込線取付点に至る架空電線路をいいます．

● 高圧絶縁電線による架空引込線は，がいし引き工事により施設します．

〔例〕

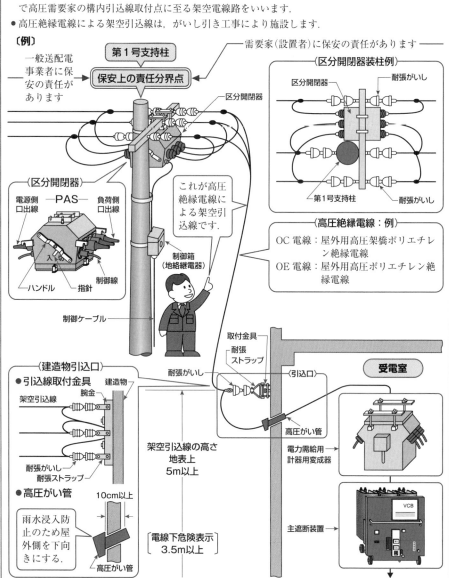

一般送配電事業者に保安の責任があります

第1号支持柱

保安上の責任分界点

需要家(設置者)に保安の責任があります

〈区分開閉器装柱例〉

区分開閉器
耐張がいし
第1号支持柱
耐張がいし

〈区分開閉器〉

電源側口出線　―PAS―　負荷側口出線

ハンドル　指針　制御線

制御箱(地絡継電器)

これが高圧絶縁電線による架空引込線です．

〈高圧絶縁電線：例〉

OC電線：屋外用高圧架橋ポリエチレン絶縁電線

OE電線：屋外用高圧ポリエチレン絶縁電線

制御ケーブル

〈建造物引込口〉

● 引込線取付金具

建造物
腕金
架空引込線
耐張がいし
耐張ストラップ

● 高圧がい管

10cm以上

雨水浸入防止のため屋外側を下向きにする．

高圧がい管

取付金具
耐張ストラップ
耐張がいし

〈引込口〉

受電室

高圧がい管

電力需給用計器用変成器

主遮断装置

VCB

架空引込線の高さ
地表上
5m以上

電線下危険表示
3.5m以上

第3章

屋内配線設備の基礎知識

この章のねらい

　この章では，屋内配線設備についての基礎知識を容易に理解していただくために，完全図解により示してあります．

（1）　住宅には，配電線路の柱上変圧器で100V・200Vの低圧に下げられ，低圧引込線・引込口配線を経て屋内配線により，電気が供給されることを知りましょう．

（2）　屋内の電気器具には，主開閉器として漏電遮断器，分岐開閉器として配線用遮断器から構成される住宅用分電盤から電気が配られることを理解しましょう．

（3）　低圧屋内配線は，幹線と分岐回路からなり，施設する過電流遮断器の定格電流と電線の太さの決め方が示してあります．

（4）　照明設備の照明方式，照度計算方法，維持照度，そして照明器具にはいろいろな種類があることを知りましょう．

（5）　屋内で使用されるコンセント，スイッチの種類と，それらの図記号，そして3路スイッチ，4路スイッチの配線のしかたを示してあります．

（6）　電灯・コンセント設備の設計図・施工図の作成手順と，電灯・コンセント設備の施工のしかたを理解しましょう．

絵でみる 住宅の中の電気のしくみ

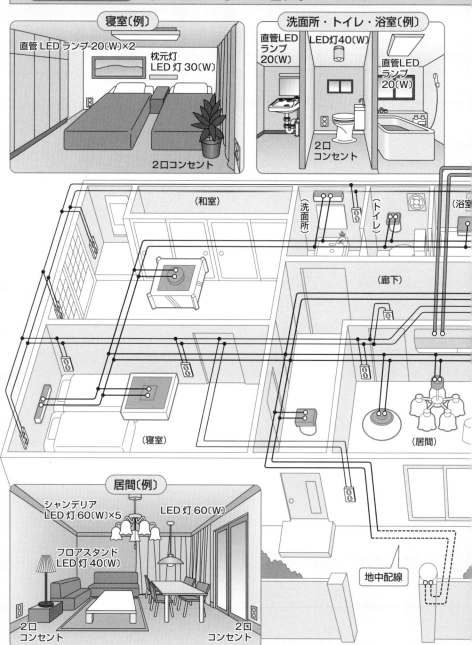

寝室〔例〕
直管 LED ランプ 20〔W〕×2
枕元灯 LED 灯 30〔W〕
2口コンセント

洗面所・トイレ・浴室〔例〕
直管LED ランプ 20〔W〕
LED 灯40〔W〕
直管LED ランプ 20〔W〕
2口コンセント

（和室）
（洗面所）
（トイレ）
（浴室）
（廊下）
（寝室）
（居間）

居間〔例〕
シャンデリア LED 灯 60〔W〕×5
LED 灯 60〔W〕
フロアスタンド LED 灯 40〔W〕
2口コンセント
2口コンセント

地中配線

配電線

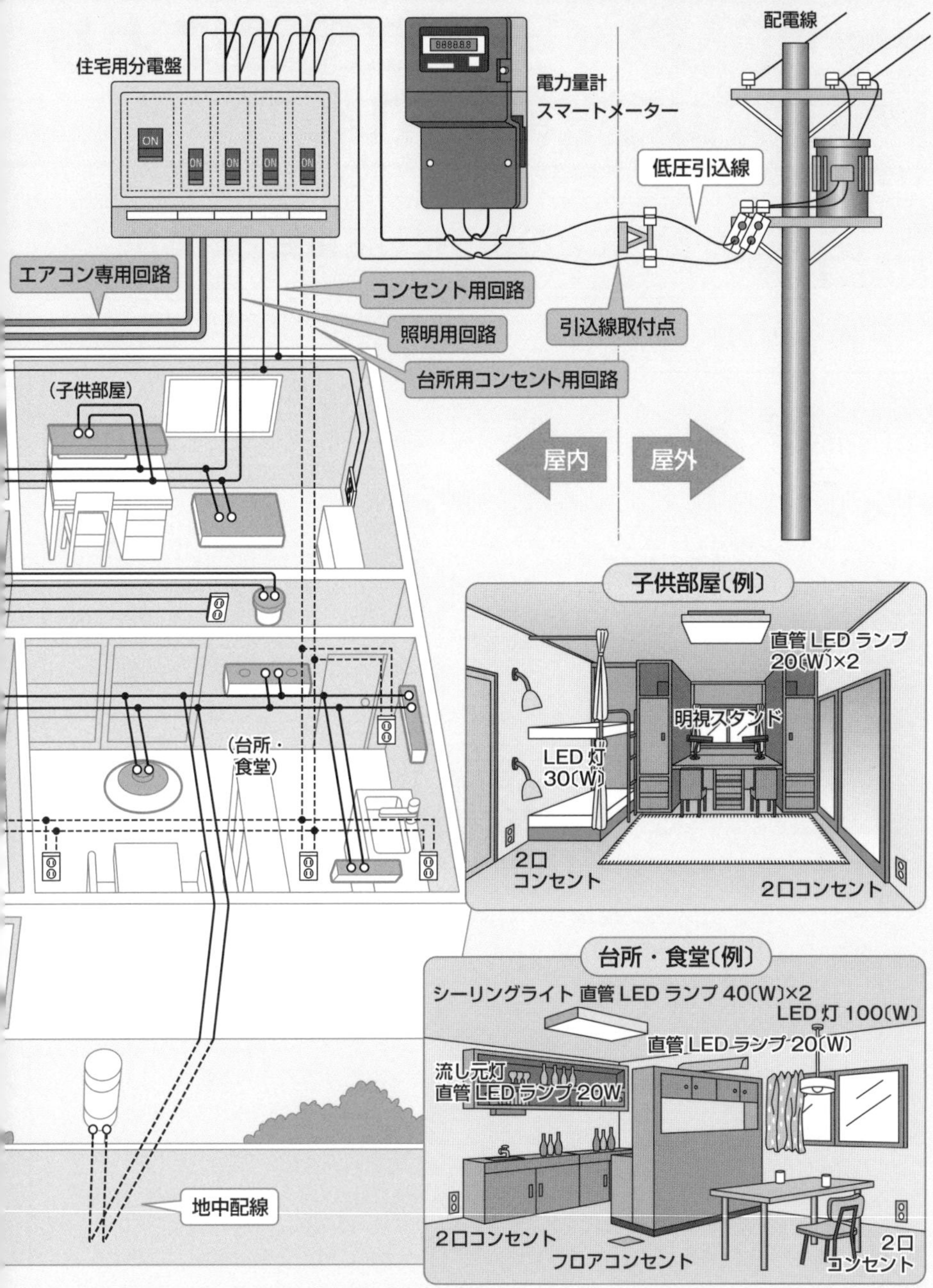

住宅用分電盤

電力量計
スマートメーター

ON

ON ON ON ON

低圧引込線

エアコン専用回路

コンセント用回路

照明用回路

引込線取付点

台所用コンセント用回路

（子供部屋）

屋内 屋外

子供部屋〔例〕

直管 LED ランプ
20〔W〕×2

明視スタンド

LED 灯
30〔W〕

（台所・
食堂）

2口
コンセント

2口コンセント

台所・食堂〔例〕

シーリングライト 直管 LED ランプ 40〔W〕×2

LED 灯 100〔W〕

直管 LED ランプ 20〔W〕

流し元灯
直管 LED ランプ 20W

地中配線

2口コンセント

フロアコンセント

2口
コンセント

1 引込線・引込口配線により 屋内に給電される

1 電力が屋内にどのようにして供給されるか

引込線・引込口配線・屋内配線 ─住宅の場合─

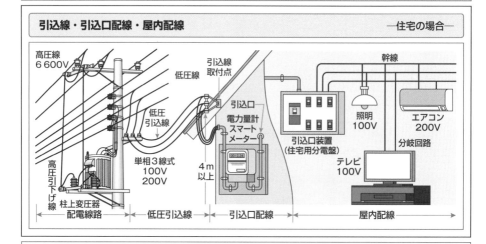

屋内の電力は柱上変圧器から低圧引込線・引込口配線を経て屋内配線により供給される

❖配電用変電所で，高圧の6 600 Vの電圧に降圧
された電力は，架空配電線路を経て柱上変圧器
に送られ，さらに100 V，200 Vの低圧に下げ
られて，低圧引込線で低圧需要家に供給されま
す。一地中配電線路の場合もある一

●低圧需要家には，住宅，ビル，工場などがあり
ますが，これらの建物に設けられる屋内配線は，
個々に内容が異なるので，この章では住宅の場
合について説明します．

❖架空引込線とは，架空電線路の支持物から他の
支持物を経ないで需要場所の引込線取付点に至
る架空電線をいいます．

●住宅での低圧引込線は，一般的に柱上変圧器ま
たは，低圧架空配電線路から分岐して，家屋の

軒先などに取り付けられている引込線取付点ま
での配線をいいます．

●住宅では，一般に引込線取付点から引込口装置
までの配線を引込口配線といいます．

●引込線取付点と引込口との間の引込口配線には
電力量計（スマートメーター）を取り付けます．

❖引込口装置（住宅用分電盤）から建物内の負荷電
気器具までの配線を屋内配線といいます．

●屋内配線とは，屋内の電気使用場所において，
固定して施設する配線をいいます．

●屋内配線には，幹線と分岐回路とがあり負荷電
気器具は分岐回路から電力の供給を受けます．

❖ここでは，柱上変圧器からの低圧引込線と引込
口配線について説明します．

2 住宅の電気方式は単相3線式が主流である

電柱に取り付けられる機器　　—例—

- 架空地線
- 高圧線 6 600 V
- 高圧がいし
- 避雷器
- 動力 200 V
- 低圧がいし
- 安全キャッチ（ヒューズ）
- 電灯 100 V
- 高圧引下げ線
- 柱上変圧器
- 高圧カットアウト
- 低圧引上げ線
- 低圧カットアウト
- 低圧引込線
- 電柱
- 需要家
  例：一般住宅

単相3線式電気方式　　●一般住宅●

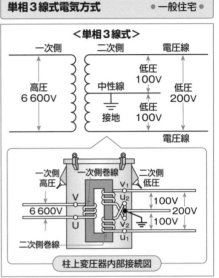

＜単相3線式＞

| 一次側 | 二次側 | 電圧線 |

高圧 6 600 V ／ 中性線 ／ 低圧 100 V ／ 低圧 200 V ／ 低圧 100 V ／ 接地 ／ 電圧線

一次側 高圧　一次側巻線　二次側 低圧
6 600 V　V　V₁
V　V₂　100 V　200 V　100 V
U　U₂
U₁
二次側巻線

柱上変圧器内部接続図

電柱の取付機器と住宅の電気方式　　—単相3線式—

- ❖架空配電線路の電柱に取り付けられている機器の例を以下に示します.

- ●**高圧配電線**：配電用変電所から，高圧 6 600 V の電圧で送られてくる配線です.

- ●**柱上変圧器**：ポールトランスともいい，高圧配電線の高圧 6 600 V を低圧 100 V，200 V に降圧します.

- ●**低圧配電線**：柱上変圧器で降圧された 100 V，200 V の配線です.

- ●**がいし**：電線と電柱とを絶縁するもので，高圧がいしと低圧がいしがあります.

- ●**高圧カットアウト**：柱上変圧器を保護するためのヒューズと開閉器を組み合わせた機器です.

- ●**安全キャッチ（ヒューズ）**：需要家（例：住宅）に電力を送るための低圧引込線に異常があった場合，自動的に線路を遮断するための機器です.

- ●**低圧引込線**：需要家（例：住宅）に電力を送るた

めの配線です.

- ❖一般住宅の屋内配線の電気方式は，小売電気事業者との契約電流の容量が，40 A 以上の場合，単相3線式が普及しています.

- ●**単相3線式**は，"**単三**"とも略称され，3本(中性線接地）の引込線で需要家に引き込まれ，100 V と 200 V の二つの電圧が使用できます.

- ●単相3線式が普及しているのは，一般住宅でも電力使用量が増える傾向があり，ルームエアコン，IH クッキングヒーターなどの定格電圧200 V の電気器具の使用によるものです.

- ❖単相3線式による 100 V，200 V の電力は，柱上変圧器の二次側電圧から，低圧引込線により，一般住宅に供給されます.

- ●柱上変圧器の2個の二次側巻線を直列接続し，その接続点から中性線を引き出し接地して，両側の電圧線と共に3線とし単相3線式にします.

101

3 低圧需要家は架空引込線を原則とする

架空引込線の取付点高さ ―財産分界点・保安責任分界点―

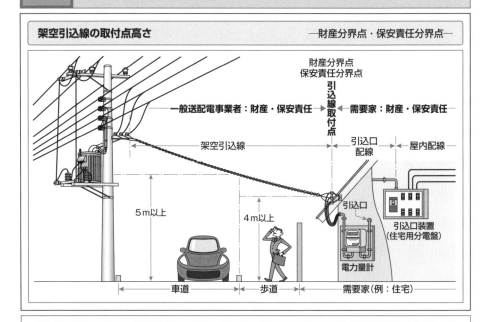

架空引込線の施設方法 ―引込線取付点―

❖一般送配電事業者の配電線路から低圧需要家（例：住宅）への低圧引込線は，原則として架空引込線とします．

　━架空引込線とは，一般送配電事業者の架空配電線路の支持物から他の支持物を経ないで，需要場所の引込線取付点に至る架空電線をいう━

● 1需要家に電力を供給する引込線の回線数は，原則として同一電気方式に対して一つとします．

● 配電線路の支持物または分岐点から需要家の建造物または補助支持物の引込線取付点までの架空引込線は，一般送配電事業者が施設します．

　━補助支持物とは，引込小柱および支線，支持がいしなどの付属材料，支持金物をいう━

❖引込線取付点とは，需要場所の造営物または補助支持物に架空引込線または連接引込線を取り付ける電線取付点のうち，最も電源に近い箇所をいいます．

● 引込線取付点は，一般送配電事業者の設備と需要家の設備との財産分界点，保安責任分界点となります．

　━引込線取付点までの低圧引込線は一般送配電事業者の財産であるとともに保安の責任があり，引込線取付点から引込口配線，屋内配線は需要家の財産であり保安の責任がある━

● 低圧架空引込線の取付点の高さは，次の値以上である必要があります．

● 道路を横断する場合：路面上5m（技術上やむを得ず交通に支障がない場合：路面上3m）

● 鉄道，軌道を横断する場合：レール面上5.5m

● 横断歩道橋の上に施設する場合：横断歩道橋の路面上3m

● 上記以外の場合：地表上4m（技術上やむを得ず交通に支障がない場合：地表上2.5m）

4 電力は引込口配線により屋内に引き込まれる

引込口配線 ─引込線取付点から引込口装置まで─

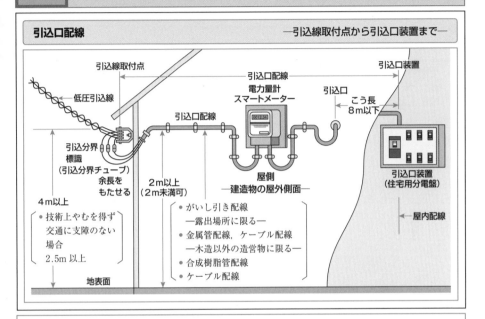

引込口配線の施工方法 ─例：一般住宅─

⟐ **引込口配線**とは，引込線取付点から引込口装置までの配線をいいます．

  ─引込口配線には補助支持物を含む─

- **引込口装置**(住宅用分電盤)とは，引込口以後の電路に取り付ける電源側から見て最初の開閉器および過電流遮断器の組み合わせをいいます．

  ─**引込口**とは屋外または屋側からの電路が家屋の外壁を貫通する部分をいう─

- 引込口と引込口装置までの電線のこう長は，8 m以下とします．
- 引込口配線には，やむを得ない場合を除き，配線の中途に接続点を設けないようにします．
- 引込口配線は，引込線取付点で低圧引込線と接続するため，電線に余長をもたせます．
- 引込口配線と引込線取付点との接続点に，引込分界標識(色付チューブなど)を取り付けます．

⟐ 引込線取付点から引込口に至るまでの配線の施設場所は，配線が容易に点検，修理などのできる場所，そして配線が損傷を受けるおそれのない場所とします．

⟐ 引込線取付点から引込口装置までの引込口配線は，次のいずれかにより施設します．

- がいし引き配線は，露出場所に限り施設でき，電線の太さが2 mm以上の600 Vビニル絶縁電線(IV電線)または引込用ビニル絶縁電線(DV電線)などを使用し，地表上の2 m以上に配線します．

  ─2 m未満の場所は金属管配線，合成樹脂管配線，ケーブル配線による─

- 金属管配線および合成樹脂管配線による場合は，管の中途にボックス類またはふた付きエルボなどを設けないようにします．また，金属管配線，ケーブル配線は木造以外の造営物に施設する場合に限ります． ─次ページに続く─

103

5 引込口配線に電力量計を取り付ける

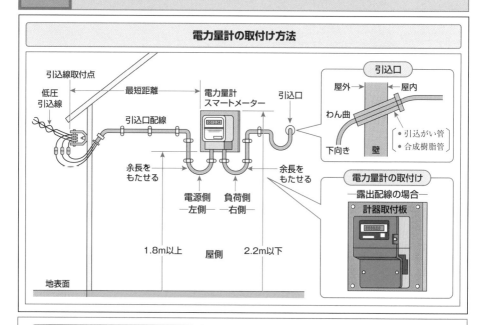

電力量計の取付け方法

引込線取付点
低圧引込線
最短距離
電力量計 スマートメーター
引込口配線
引込口

引込口
屋外　屋内
わん曲
下向き　壁
・引込がい管
・合成樹脂管

余長をもたせる
余長をもたせる

電力量計の取付け
―露出配線の場合―
計器取付板

電源側 左側　負荷側 右側

1.8m以上　屋側　2.2m以下

地表面

電力量計は引込線取付点と引込口の間に取り付ける　　　―例：一般住宅―

- ❖引込口配線をケーブル配線にするのは，木造以外の造営物に施設する場合に限ります．
- ●鉛被のあるケーブル（鋼帯がい装のあるものを除く）による場合は，金属管または合成樹脂管に収めます．
- ●鉛被のないケーブルを用いる場合は，引込口での被覆の損傷を防止するため，がい管，合成樹脂管などを使用し，これを外方に対して下向きとし，屋内に雨が浸入しないように，ケーブルを下向きにわん曲させます．
- ❖引込口配線の引込線取付点と引込口の間に電力量計（スマートメーターを含む）を取り付けます．―引込線取付点から電力量計に至る配線は最短距離とする―
- ●電力量計は，一般送配電事業者の負担で取り付け，一般送配電事業者の所有となります．
- ❖電力量計の施設場所は，原則として屋外とし，

次に示す場所であって検針（自動検針を除く），保守および検査の容易な露出場所とします．
- ●通行に支障とならない所，設置場所の足場が安定している所，温度変化・振動の小さい所．
- ❖電力量計を引込線取付点と引込口の間で屋外に取り付ける場合は，下端が地表上1.8m以上，上端が2.2m以下の高さとします．
- ●電力量計を雨線外に取り付ける場合は，これを箱に収めまたは雨よけなどを設けて保護します．―雨線外とは屋外および屋側（建造物の屋外側面）において雨のかかる場所をいう―
- ●電力量計に引き下げる配線は，左側を電源側とし右側を負荷側とします．
- ●電力量計の周りの配線は，電力量計の取替えや保守面を考慮して，余長をもたせます．
- ●電力量計は，難燃・耐候性の合成樹脂製の取付板を使用して，造営材に堅固に取り付けます．

6 スマートメーターは通信機能をもつ 電力量計である

スマートメーターとHEMS機器導入による使用電力量の見える化システム ―例―

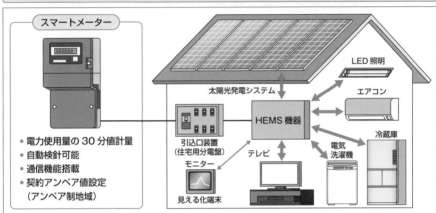

- 電力使用量の30分値計量
- 自動検針可能
- 通信機能搭載
- 契約アンペア値設定
  （アンペア制地域）

❖HEMSは，ホームエネルギーマネジメントシステムといい，需要家宅内で使用している電気器具の電力使用量や稼働状況をモニター画面などで見ることができるシステムです．
● HEMSによる専用の機器は需要家が設置する必要があります．

スマートメーターは通信機能をもち，HEMS機器導入により電力使用量を見える化する

❖スマートメーター（Smart Meter）とは，電力使用量をデジタルで計量する，通信機能をもった電力量計をいいます．

● スマートメーターは，一般送配電事業者によって設置されます．

❖スマートメーターは，30分ごとに電力使用量を計量します．

● スマートメーターに表示される電力量は，kWhの積算値ですので，その月の表示値と前の月の表示値との差がその月の使用電力量となります．

❖スマートメーターは，30分ごとの電力使用量を通信機能を利用して，一般送配電事業者に送信することから，遠隔で自動検針が可能となり，検針員による検針作業が不要になります．

❖契約アンペア値に応じて基本料金が設定されるアンペア制を採用している北海道，東北，東京，北陸，中部，九州の地域では，契約に際しアンペア値を設定する必要があります．

❖スマートメーターは，内蔵している電流制限機能により，通信機能を活用して遠隔から契約アンペア値を設定することができます．

● スマートメーターの電流制限機能は，単相3線式で5A，10A，15A，20A，30A，40A，50A，60Aで，スマートメーターでは最大60Aまでの契約アンペア値を設定することができます．

❖スマートメーターには，スマートメーターと一般送配電事業者間との通信機能，そして宅内向け通信機能が搭載されています．

● 需要家宅内にHEMS機器が導入されていれば，スマートメーターの宅内向け通信機能により，モニターに30分ごとの室内設置電気器具の電力使用量のデータが送信され，時間帯別の電力使用量が「見える化」されるので，需要家での省エネ，節電に役立ちます．

105

2 住宅用分電盤は屋内の電気器具に電気を配る

7 引込口装置としての住宅用分電盤の役割

住宅などでは住宅用分電盤により各電気器具に配電される

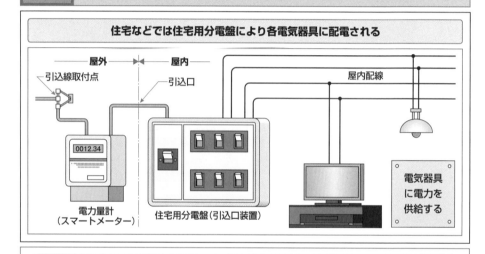

屋外　屋内

引込線取付点　引込口　屋内配線

0012.34

電力量計
（スマートメーター）　住宅用分電盤（引込口装置）　電気器具
に電力を
供給する

住宅では"住宅用分電盤"が使用されている　　　　　—JIS C 8328—

❖一般送配電事業者の低圧配電線路による引込線からの電気は電力量計を通って屋内の住宅用分電盤（引込口装置）につながり，屋内での電気はすべてここから各電気器具に配られています.

● 住宅用分電盤は，屋内の電気器具に必要な電気を配るに当たって，漏電や使いすぎで漏電電流や過電流が流れるなどの異常が生じたときに電路を自動的に遮断する役割を果たしています.

❖一般に，住宅における分電盤は，JIS C 8328 "住宅用分電盤"の規定に適合したものが使用されています.

● JIS C 8328 に規定された住宅用分電盤とは，交流 50Hz または 60Hz の単相2線式 100V もしくは，単相3線式 100V/200V の電路におい

て，主に住宅などの引込口装置として使用する住宅用分電盤で，定格電流が 150A 以下の分電盤をいいます.

● 住宅などとは，住宅のほかに店舗，事務所などを含みます.

● 住宅用分電盤は，キャビネットの内部に主開閉器（例：漏電遮断器），分岐開閉器など（内部機器という）の全部または一部を集めて組み込んだ盤をいいます.

　—キャビネットとは内部機器を収納する容器—

❖住宅用分電盤は次のような場所に施設します.

● 電気回路が容易に操作できる場所

● 開閉器を容易に開閉できる場所

● 露出場所

8 住宅用分電盤の種類

住宅用分電盤の種類による分類

施設形式による分類

- 露出形住宅用分電盤
- 埋込形住宅用分電盤
- 露出埋込共用形住宅用分電盤

キャビネット構成外郭の材料による分類

- 合成樹脂製住宅用分電盤
- 金属製住宅用分電盤
- 合成樹脂金属組合せ住宅用分電盤

主開閉器の有無による分類

- 主開閉器なし住宅用分電盤
- 主開閉器あり住宅用分電盤 ── 主開閉器：漏電遮断器
                          主開閉器：配線用遮断器

- ドア付き住宅用分電盤
- カバー付き住宅用分電盤

キャビネットの形式による分類

- 増回路スペースあり住宅用分電盤
- 増回路スペースなし住宅用分電盤

増回路スペースの有無による分類

住宅用分電盤の種類とその分類

❖住宅用分電盤には,次のような種類があります.

<施設形式による分類>

● 露出形：ボックス全体または一部を造営材の面から露出して施設する構造の分電盤をいう.
　―ボックスとは住宅用分電盤の上下左右の側面および背面を覆う壁を形成する部分をいう―

● 埋込形：造営材中にボックス全体を埋め込んで施設する構造の分電盤をいう.

● 露出埋込共用形：露出形および埋込形のいずれにも施設できる構造の分電盤をいう.

<キャビネット構成外郭の材料による分類>

● 合成樹脂製　● 金属製　● 合成樹脂金属組合せ
　―外郭とは,ボックス,カバー,前面板およびドアをいう―

<キャビネットの形式による分類>

● ドア付き　● カバー付き
　―ドアとは,キャビネットの前面を覆うように

丁番などでボックスなどに支持され,これを開閉できる部分をいう―
　―カバーとは,これを取り外すことなく,内部機器の開閉操作ができるように住宅用分電盤の前面を覆うように構成する部分をいう―

<増回路スペースの有無による分類>

● 増回路スペースあり　● 増回路スペースなし
　―分岐開閉器を増設する設置場所をいう―

<主開閉器の有無による分類>

● 主開閉器あり　● 主開閉器なし
　―主開閉器は母線の電源側に取り付けられた漏電遮断器または配線用遮断器をいう―
　使用する主開閉器の種類により

・漏電遮断器が主開閉器
　―漏電遮断器は単相3線中性線欠相保護付きとする―

・配線用遮断器が主開閉器

9 住宅用分電盤の定格電圧・定格電流・分岐回路

住宅用分電盤の定格と分岐回路数　　　　　　　　　　　　　　　　　—JIS C 8328—

相，線式 定格電圧 〔V〕	住宅用分電盤 定格電流 〔A〕	主開閉器	主開閉器 定格電流 〔A〕	分岐回路数
単相2線式 100	30	なし	—	2，3，4，5，6
		あり	30	2，3，4，5，6，8
単相3線式 100/200	30	なし	—	4，5，6
		あり	30	4，5，6，8，10，12
	60	なし	—	4，5，6
		あり	40	4，5，6，8，10，12，14，16，18，20
		あり	50，60	6，8，10，12，14，16，18，20，22，24，26
	75	あり	75	8，10，12，14，16，18，20，22，24，26，28，30
	100	あり	75，100	10，12，14，16，18，20，22，24，26，28，30
	150	あり	100，125 150	12，14，16，18，20，22，24，26，28，30，32，34，36，38，40

住宅用分電盤には単相2線式と単相3線式がある

❖住宅用分電盤には，単相2線式と単相3線式の2種類があります．

● 住宅用分電盤の定格電圧は，単相2線式が100Vで，単相3線式が100V/200Vです．

● 住宅用分電盤の定格電流は，単相2線式が30A，単相3線式には，30・60・75・100・150Aの5種類があります．

　　—定格電流は母線の温度上昇が規定値を超えることなく連続的に通じ得る電流をいう—

❖住宅用分電盤は主開閉器と複数の分岐回路用の分岐開閉器から構成されています．

● 主開閉器は漏電遮断器とします（配線用遮断器としてもよい）．

● 分岐回路数が6以下（増回路スペース数を含む）の住宅用分電盤では，主開閉器を省略してもよいことになっています．

● 分岐回路数とは，住宅用分電盤に取り付けられた分岐回路ごとの分岐開閉器の数をいいます．

❖分岐回路開閉器とは，母線から各分岐回路を分岐するそれぞれの部分に取り付けられた過電流引き外し装置付きの開閉器をいいます．

● 分岐回路ごとに分岐開閉器を取り付けます．

● 分岐開閉器には，通常，配線用遮断器が用いられています．

❖住宅の屋内配線は，住宅用分電盤から各部屋に電灯やコンセント，ルームエアコンなど用途別に専用の配線がされており，これを分岐回路といいます．

❖住宅用分電盤には，増回路スペース付きのものがあります．

● 増回路スペースとは，住宅用分電盤の内部に分岐開閉器を増設するための取付け場所，取付け部および増設される分岐開閉器に接続する分岐線を配線する場所をいいます．

10 住宅用分電盤の母線と分岐線

住宅用分電盤の母線絶縁電線の太さ —JIS C 8328—

住宅用分電盤定格電流〔A〕	主開閉器定格電流〔A〕	絶縁電線の太さ〔最小値〕	
		単線〔mm〕	より線〔mm²〕
30	30	3.2	8
60	40	3.2	8
	50, 60	5.0	14
75	75	—	22
100	75	—	22
	100	—	38
150	100	—	38
	125, 150	—	60

住宅用分電盤の分岐線絶縁電線の太さ

分岐開閉器定格電流〔A〕	絶縁電線の太さ〔最小値〕
20 以下	2.0 mm（単線）3.5 mm²（より線）
30	2.6 mm（単線）5.5 mm²（より線）

住宅用分電盤の絶縁電線被覆の色 —JIS C 8328—

定格電圧, 相, 線式	電圧側線	接地側線	中性線
100V 単相2線式	赤または黒	白またはうす青	—
100V／200V単相3線式	赤と黒, 黒と黒, 赤と赤	—	白またはうす青

住宅用分電盤の母線と分岐線には絶縁電線を用いて色別する

❖住宅用分電盤の**母線**とは，盤内で二つ以上の分岐開閉器に電力を供給する分岐線以外の電気導体をいいます.

● 住宅用分電盤の**分岐線**とは，母線と分岐開閉器との間を接続する電気導体をいいます.

❖住宅用分電盤の母線および分岐線は，以下のようになっています.

● 母線および分岐線に用いられている絶縁電線は，JIS C 3307 のビニル絶縁電線(IV線)および JIS C 3317 の600V 二種ビニル絶縁電線(HIV線)に適合する銅導体です.

● 母線の太さは，住宅用分電盤の定格電流(前ページ参照)に従っており，上欄の表によります.

● 分岐線の太さは，分岐開閉器の定格電流(前ページ参照)に従っており，上欄の表によります.

● 母線および分岐線として用いられるバーは，住宅用分電盤または分岐開閉器，それぞれの定格電流を連続的に通したとき，これに十分に耐えられるものとなっています.

❖住宅用分電盤の母線および分岐線に絶縁電線を用いる場合の極性の識別は，絶縁被覆を以下に示す色で色別されています.

　　—同色絶縁電線使用の場合は端末色別とする—

● 単相2線式100V の電圧側線は赤または黒とし，接地側線は白またはうす青になっています.

● 単相3線式100V／200V の電圧側線は赤と黒，黒と黒または赤と赤であり，中性線は白またはうす青となっています.

❖母線および分岐線にバーが用いられている場合は，中性極または接地側極の母線導体の見やすい所に，容易に消えない方法で文字記号Nが表示されているか，端末に色別白が表示されています.

11 住宅用分電盤の構造

住宅用分電盤の外観図　　　　　　　　　　　　　　　　　　　　　　　—例—

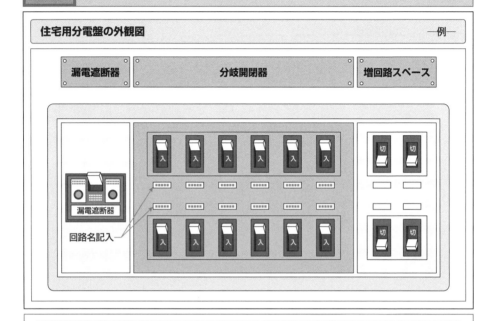

住宅用分電盤は安全に操作できるようになっている

❖住宅用分電盤はボックス，カバー，ドア，中底，中ぶた，前面板などにより構成されています．
—ボックス，カバー，ドアは107ページ参照—

●中底は内部機器の取付板で，内部機器は中底に組立状態でボックス内に固定されています．

●中ぶたはドア後の充電部を覆う板で，取り外さずに内部機器の開閉操作が可能になっています．

●前面板はドア，中ぶた，カバー以外の住宅用分電盤を覆う部分をいいます．

❖住宅用分電盤は，構造が丈夫で，各部は容易に緩まないよう堅固に組み立てられています．

●住宅用分電盤は，造営体への取付け，配線の接続，開閉の操作および保守点検が容易で，確実にできるようになっています．

●住宅用分電盤はドアの開閉，カバーの着脱操作によって容易に破損しないようになっています．

●住宅用分電盤は，通常の使用状態では充電部に人が触れるおそれがない構造になっています．

●キャビネットがカバー付きのものは，カバーの取付け，取外しの際に，極間短絡または地絡を生じるおそれがないようになっています．

●キャビネットがドア付きのものは，主開閉器および分岐開閉器を操作するために，ドアをあけた状態で，充電部はカバーまたは中ぶたによって覆われるようになっています．

❖キャビネットの人が触れるおそれのあるボックス，中底，前面板または中ぶたの金属部には，接地線を接続する接地端子が設けられています．

●接地端子の近傍の見やすい箇所に，容易に消えない方法で，図記号⏚，文字記号「PE」または「保護接地」の文字が表示されています．
—⏚，「E」，「アース」の表示でもよい—

●接地端子と接地分岐線端子が一体構造のものも上記と同様の表示がされています．

12 住宅用分電盤の機器配置と表示

住宅用分電盤の機器配置図 —例—

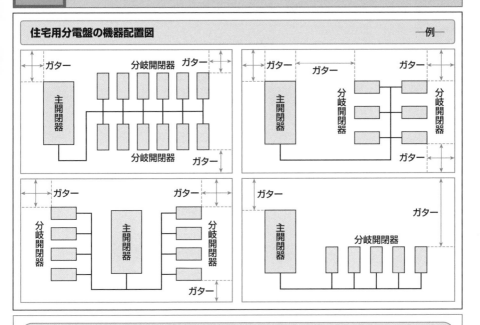

住宅用分電盤の主開閉器・分岐開閉器の配置と表示事項

❖住宅用分電盤は，主開閉器と分岐開閉器から構成されており，それらがボックス内に収納されています．

● 住宅用分電盤の主開閉器，分岐開閉器の機器配置の例を前ページ上欄に示します．

● 住宅用分電盤には，ボックス内にガターが設けられており，その例を上欄の配置図に示します．

● ガターとは，住宅用分電盤に外部からの配線を納めるために設けられた空間をいいます．

❖住宅用分電盤のカバーまたは中ぶたには，各分岐回路を区分するため，回路名の記入ができる表示箇所が設けられています．

❖単相3線式の住宅用分電盤で，100Vまたは200Vの分岐回路を併用する場合は，次のような表示がされています．

● 200V分岐開閉器が取り付けられたものの場合は，200V回路であることを示すために，見やすい箇所にその旨が表示されています．

● 100Vまたは200Vいずれかの分岐開閉器を取り付けることができる増回路スペース付きの場合は，分岐開閉器が取り付けられ，配線が誤りなくできる構成になっており，必要な表示がされています．

❖住宅用分電盤には，ドアまたはカバーに容易に消えない方法で，次の事項が表示されています．

- 名称　　　　　・定格電流　　　　・定格電圧
- 相，線式　　　・分岐回路数
- 製造業者名，略号　　　・製造年月，略号

—分岐回路数は分岐開閉器の実装回路数で表示されており，増回路スペース付きのものは増回路スペースと回路数が併記されている—

❖住宅用分電盤の製品の呼び方は，名称，種類，定格および分岐回路数によります．

3 住宅用分電盤を構成する機器

13 住宅用分電盤を構成する機器

住宅用分電盤の内部構造図 ―例―

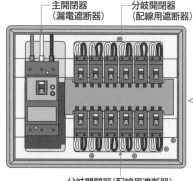

主開閉器
（漏電遮断器）

分岐開閉器
（配線用遮断器）

分岐開閉器（配線用遮断器）

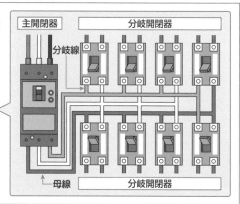

主開閉器　　　　分岐開閉器

分岐線

母線　　　分岐開閉器

住宅用分電盤は主開閉器・分岐開閉器で構成されている

❖住宅内の電気器具に電気を分配する住宅用分電盤は，主開閉器（例：漏電遮断器），分岐開閉器（例：配線用遮断器）などから構成されています.

❖**主開閉器**とは，母線の電源側に取り付けられた漏電遮断器（配線用遮断器でもよい）をいいます.

❖**漏電遮断器**は，建物内の配線や電気器具が万一漏電したときに，漏電をすばやく感知して，自動的に電路を遮断し，火災や感電事故を防ぐための"**保安用遮断器**"です.

●**漏電**とは，電気器具や配線などの絶縁低下または損傷により，電流が回路以外に流れることをいいます.

❖上欄図で住宅用分電盤の右側に2列で数多く取

り付けられているのが，分岐開閉器です.

●**分岐開閉器**とは，母線から各分岐回路を分岐するそれぞれの部分に取り付けられた過電流引外し装置付きの開閉器をいいます.

●分岐開閉器には，配線用遮断器が用いられます.

●**母線**とは住宅用分電盤内で二つ以上の分岐開閉器に電力を供給する分岐線以外の線をいいます.

●**分岐線**とは，母線と分岐開閉器との間を接続する線をいいます.

●**配線用遮断器**は，電気機器や配線の故障で短絡したとき，使いすぎで過電流が流れたときに，電路を自動的に切る"**保安用遮断器**"です.

14 スマートメーターの設置と住宅用分電盤の構成

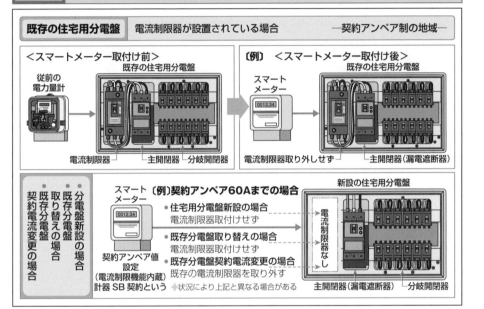

既存の住宅用分電盤 電流制限器が設置されている場合 ──契約アンペア制の地域──

<スマートメーター取付け前>　既存の住宅用分電盤

従前の電力量計

電流制限器　主開閉器　分岐開閉器

〔例〕 <スマートメーター取付け後>　既存の住宅用分電盤

スマートメーター　0012.34

電流制限器取り外せず　主開閉器(漏電遮断器)

分電盤新設の場合
既存分電盤取り替えの場合
既存分電盤契約電流変更の場合

スマートメーター　0012.34

〔例〕契約アンペア60Aまでの場合

● 住宅用分電盤新設の場合
　電流制限器取付けせず
● 既存分電盤取り替えの場合
　電流制限器取付けせず
● 既存分電盤契約電流変更の場合
　既存の電流制限器を取り外す

契約アンペア値設定
(電流制限機能内蔵)
計器SB契約という ※状況により上記と異なる場合がある

新設の住宅用分電盤

電流制限器なし

主開閉器(漏電遮断器)　分岐開閉器

電力量計としてのスマートメーターの機能と住宅用分電盤の構成 ──例──

❖契約アンペア制地域の既存の住宅用分電盤は, 電流制限器, 主開閉器(漏電遮断器), 複数の分岐開閉器から構成されています.

● 電流制限器は契約アンペア値を超える電流が流れると自動的に電力供給を止める機能があります.

❖スマートメーターには60Aまでの契約アンペア値の設定機能があり, 契約アンペア値を超える電流が流れると, スマートメーターのブレーカーが自動的に遮断して, 電力の供給を止める電流制限器と同じ機能があります.

❖契約アンペア制ではない関西, 中国, 四国, 沖縄では電流制限器は取り付けられておらず, スマートメーターでのアンペア設定もしません.

❖スマートメーターの設置は一般送配電事業者が行い, 次に契約アンペア制での例を示します.

● 住宅用分電盤の新設または既存の住宅用分電盤の取替え時はスマートメーター内蔵の電流制限機能により契約電流に応じたアンペア値を設定(これを計器SB契約という)し, 分電盤内には電流制限器は設置しません.

● 電流制限器が既存の住宅用分電盤に設置されている地域で, 契約アンペア容量を変更する場合は, スマートメーター内蔵の電流制限機能を活用して, 変更契約電流に応じたアンペア値を設定し, 分電盤内の電流制限器を取り外します.

● 電流制限器が既存の住宅用分電盤に設置されている地域で, 契約アンペア容量の変更などを行わずスマートメーターを設置する場合は, 分電盤内の既存の電流制限器は取り外しません.

● 60Aを超える場合は, 需要家が指定する主開閉器(漏電遮断器)の定格電流値に基づいて契約容量, 契約電力を決定します. これを**主開閉器契約**といいます.

● 需要家の状況で上記と異なる場合があります.

15 漏電遮断器は漏電電流を検出し遮断する

漏電遮断器外観図 —例—

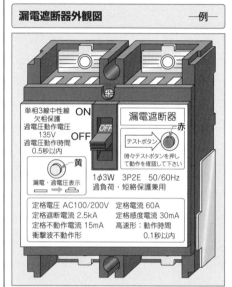

単相3線中性線
欠相保護
過電圧動作電圧
135V
過電圧動作時間
0.5秒以内

ON
OFF

漏電遮断器
—赤

テストボタン
時々テストボタンを押して動作を確認して下さい

黄
漏電・過電圧表示

1φ3W　3P2E　50/60Hz
過負荷・短絡保護兼用

定格電圧 AC100/200V　定格電流 60A
定格遮断電流 2.5kA　定格感度電流 30mA
定格不動作電流 15mA　高速形：動作時間
衝撃波不動作形　　　　　0.1秒以内

住宅用分電盤の漏電遮断器の特性

定格感度電流

感度電流による区分	定格感度電流〔mA〕
高感度形	5，6，10，15，30

動作時間

動作時間による区分	動作時間
高速形	定格感度電流で 0.1 秒以内

定格遮断容量

主開閉器定格電流	定格遮断容量（最小値）
30 A 以下	1 500 A
30 A 超え 100 A 以下	2 500 A
100 A 超え 150 A 以下	5 000 A

住宅用分電盤には高感度・高速形漏電遮断器が用いられる

- ❖漏電遮断器とは，通常の使用状態の下で，漏電電流を検出し，その測定値と設定値とを比較し測定値が設定値を超えたとき，接点を開路動作させ，回路を遮断する装置をいいます．
- 漏電遮断器は，これを取り付けた部分以後の配線や電気器具に絶縁低下または絶縁破壊が生じて漏電した場合，速やかに電気を止めて災害の発生を防ぐための保護装置です．
- 漏電遮断器は，過電流保護装置では検出できない永続性のある地絡故障による地絡電流に起因する火災などへの保護機能を備えています．
  - —地絡電流とは絶縁不良により大地に流れる電流をいう—
- 漏電遮断器は，通常の使用条件の下で電流を投入，通電および遮断することができます．
- ❖住宅用分電盤には，高感度形で高速形の漏電遮断器が組み込まれています．

- 高感度形漏電遮断器とは，定格感度電流が30 mA 以下の漏電遮断器をいいます．
  - —感度電流とは規定の条件の下で，漏電遮断器が動作する漏電電流の値をいう—
- 高速形漏電遮断器とは，定格感度電流における動作時間が0.1秒以下の漏電遮断器をいいます．
  - —動作時間とは漏電遮断器が動作する漏電電流が流れた瞬時から，すべての極のアークが消滅したときまでの経過時間をいう—
- ❖住宅用分電盤に単相3線式の主開閉器として組み込まれる漏電遮断器は，単相3線中性線欠相保護付となっています．
- 単相3線中性線欠相保護とは，単相3線式電路の中性線が，何らかの原因で欠相すると負荷機器に過電圧が印加されて，負荷機器が焼損することがあるので，これを防止するため電圧の不平衡を検出して回路を遮断し保護することです．

16 漏電遮断器の構成とその動作機能

漏電遮断器の内部接続図 ―例―

遮断部
引外し装置
TC
テストボタン
増幅器
TS
R
二次コイル
零相変流器
ZCT

零相変流器の漏電検出の原理

＜正常な状態の場合＞

A線　零相変流器　二次コイル　負荷
ZCT
I_1　　　　I_1
電源
I_2　　　　I_2
B線　　0〔V〕　電圧誘起せず

＜漏電状態の場合＞

A線　零相変流器　A線のI_1による磁束
$I_1 = I_2 + i_g$　ZCT　二次コイル　負荷
電源
I_2　　　I_2　G
B線のI_2による磁束　　$I_1 = I_2 + i_g$
i_g漏電電流
e〔V〕
漏電検出：電圧誘起

漏電遮断器は零相変流器で漏電を検出し，引外し装置が動作して電路を遮断する

❖漏電遮断器には，漏洩電流を検出する零相変流器(ZCT)，その信号を増幅する増幅器，増幅器からの信号を受けて電路を遮断させる引外し装置，動作したことを表示する漏電表示装置，そして正常に動作することを確認するためのテストボタン装置などが，組み込まれています．

● 漏電遮断器の取付け点以降で漏電が生じると，零相変流器がその漏電電流を検出して，零相変流器の二次側に電圧を誘起します．

● 零相変流器二次側の誘起電圧は，微小なので増幅器で増幅されます．

● 増幅された電圧(電流)が設定値(定格感度電流値)を超えると，引外し装置が動作して，電路を遮断します．

● 引外し装置が動作すると，漏電表示ボタンが突出し，漏電表示をします．

❖テストボタンを押すと，擬似的に漏電状態がつくられて，漏電遮断器が動作します．

❖零相変流器が，漏電を検出する原理を記します．

● 電源から零相変流器を貫通するA線に流れる電流I_1と，負荷からB線に流れる電流I_2は，正常な状態では大きさが同じで方向が反対のため，零相変流器の二次側に電圧が誘起しません．

● 零相変流器の負荷側で漏電すると，漏電電流i_gが流れるので，A線の電流I_1は漏電点Gで，キルヒホッフの第1法則を用いると$I_1 = I_2 + i_g$となり，B線の電流はI_2となります．

● 零相変流器貫通部の磁束は，A線とB線の電流I_2は大きさが同じで方向が逆なので互いに打ち消され漏電電流i_gに相当する磁束が残ります．

● 漏電電流i_gによる磁束が，零相変流器の二次コイルと鎖交し，端子に電圧eが誘起します．

● 零相変流器は二次コイルに電圧を誘起することにより，漏電の検出信号となります．

115

17 分岐回路と分岐開閉器

住宅用分電盤分岐回路と分岐開閉器　—分岐開閉器として用いられる配線用遮断器の定格—

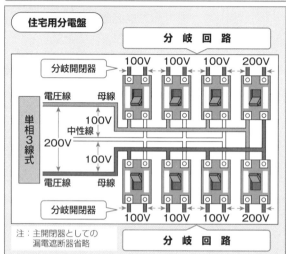

定格電流〔A〕
15，20，30

定格電圧〔V〕	
100	100/200

定格短絡遮断容量〔A〕	
1 500	2 500

極数および引外し素子の数		
極数	定格電圧	引外し素子数
2極	100 V	1 素子
	100/200 V	2 素子

注：主開閉器としての
　　漏電遮断器省略

住宅用分電盤の分岐開閉器としての配線用遮断器は過電流保護をする

❖住宅用分電盤は，母線から多くの分岐線が出て分岐回路を形成しています．

●屋内配線の回路を，100 V は部屋ごとに分けるか，照明器具とコンセントに分けるか，200 V はエアコン，電磁調理器などをそれぞれ専用回路とするかなど分岐しておくと，何か異常が生じたとき影響が少なくなるからです．

●たとえば，電気器具に異常が起きてコンセント用の回路が切れても，照明は使えるからです．

❖住宅用分電盤では，分岐回路1回路に一つの分岐開閉器が取り付けられています．

●一般に，分岐開閉器には配線用遮断器が用いられています．

❖**配線用遮断器**(MCCB)は，**ブレーカー**ともいい，過負荷や短絡などの要因で負荷側の回路に過電流や短絡電流が流れたときに，回路を開放して電源の供給を遮断することによって，負荷回路

を損傷から保護します．

●**過電流**とは定格電流を超える電流をいいます．

❖住宅用分電盤の分岐開閉器には，次のような配線用遮断器が用いられます．

●定格電圧 110 V，定格電流 20 A(20 AT)，2 極・1 素子(過電流引外し素子)の配線用遮断器が用いられています．

　　—この場合接地側端子にはNと表示してある—
　　—20 AT の AT とはアンペアトリップの略号で，定格電流を表す—

●特定負荷のため専用分岐回路に定格電圧 110／220 V，2 極・2 素子，定格電流 15 A（15 AT）または 30 A（30 AT）の配線用遮断器が用いられる場合は，住宅用分電盤に，その旨が表示されています．

●分岐開閉器には，定格遮断容量が 1 500 A 以上の配線用遮断器が用いられています．

18 配線用遮断器の機能とその動作

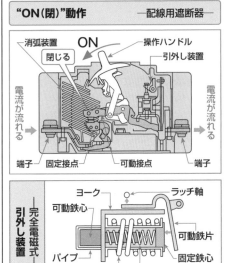

"ON（閉）"動作 ―配線用遮断器―

消弧装置　ON　操作ハンドル
閉じる　　　　　　　引外し装置
電流が流れる　端子　固定接点　可動接点　端子　電流が流れる

"OFF（開）"動作 ―配線用遮断器―

消弧装置　OFF　操作ハンドル
開く　　　　　　　引外し装置
電流が流れない　端子　固定接点　可動接点　端子　電流が流れない

完全電磁式 引外し装置

ヨーク　ラッチ軸
可動鉄心
可動鉄片
固定鉄心
パイプ　制動スプリング
引外しコイル

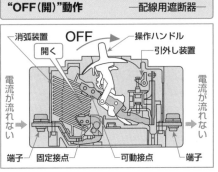

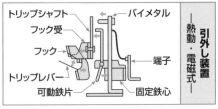

熱動・電磁式 引外し装置

トリップシャフト　バイメタル
フック受
フック　端子
トリップレバー
可動鉄片　固定鉄心

配線用遮断器は過電流を検出し，引外し装置が動作して電路を遮断する

❖配線用遮断器は，開閉機構，引外し装置，消弧装置などを絶縁物の容器内に一体化して組み込んだ構造になっています．

❖**開閉機構**とは，電路の電流を投入または遮断するための操作ハンドル，接触子（接点），リンク機構，ラッチ機構などをいいます．

●接触子は可動接触子（接点），固定接触子（接点）からなり，導電性と耐アーク性に優れた特殊合金（例：銀ニッケル合金）が用いられています．

❖**引外し装置**とは，保持機構を引き外し，配線用遮断器を自動開路（トリップ）させる装置をいい，"完全電磁式"と"熱動・電磁式"があります．

❖**完全電磁式**は，パイプ内に可動鉄心，制動スプリング，固定鉄心，制動油が入っており，パイプの周りに引外しコイルが巻かれています．

●引外しコイルに過電流が流れると，可動鉄心が制動スプリングに打ち勝って固定鉄心に引き寄せられて近づき，可動鉄心の磁束量が多くなり固定鉄心側に吸引されて，可動鉄片のラッチ軸に対応する部分が，配線用遮断器のラッチを外し回路を自動遮断します．

●短絡電流などの大きな電流が引外しコイルに流れると，発生磁束が多いので可動鉄心が瞬時に固定鉄心に吸引され，電路を自動遮断します．

❖**熱動・電磁式**は，引外し機構にバイメタルを用いる方式です．

●バイメタルに過電流が流れるとジュール熱によりわん曲して，配線用遮断器の開閉機構に連動したトリップレバーとフックの結合を外し，電路を自動遮断します．

❖**消弧装置**は，V字形の磁性板をアーク柱に直角に配置した消弧板により，過電流，短絡電流の遮断の際に接触子間に発生したアーク柱を急速に引き伸ばし分断，冷却して遮断します．

117

4 低圧屋内配線の幹線

19 低圧幹線には過電流遮断器を施設する

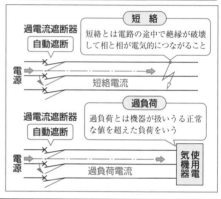

低圧屋内配線の幹線

過電流遮断器は短絡・過負荷で自動遮断

過電流遮断器は過負荷・短絡から電線を保護する

❖低圧屋内配線は，幹線と分岐回路から構成されています．

❖低圧屋内配線の**幹線**とは，引込口から分岐過電流遮断器に至る配線のうち，分岐回路の分岐点から電源側の部分をいいます．

● **引込口**とは，屋外または屋側からの電路が，家屋の外壁を貫通する部分をいいます．

❖屋内電路の各部分の電線は，過負荷電流および短絡電流に対して保護されています．

● **過負荷電流**とは，電気的に損傷していない回路で発生する定格電流を超えた電流をいいます．

● 低圧幹線は引込口装置の過電流遮断器またはその幹線の電源側に施設した過電流遮断器により過負荷電流，短絡電流から保護されています．

● **引込口装置**とは，引込口以後の電路に取り付ける，電源側から見て最初の開閉器と過電流遮断器の組み合わせをいいます．

● **過電流遮断器**とは，配線用遮断器，ヒューズ，気中遮断器のように過負荷電流と短絡電流を自動遮断する機能をもった器具をいいます．

● 低圧電路に施設する過電流遮断器は，電路中これを施設する箇所を通過する短絡電流を遮断する能力を有するものとします．

❖過電流遮断器を施設し電線を保護する目的は，過負荷電流または短絡電流により電流の2乗に比例して発生するジュール熱により，電線の絶縁物（有機物）が加熱し焼損する事故を防ぐことにあります．

20 低圧幹線に施設する過電流遮断器の定格電流

電動機負荷を含む低圧幹線の過電流遮断器の定格電流　　　—内線規程3705-8—

(I_Mの合計)×3＋(I_Hの合計)≦2.5I_Wの場合

- 過電流遮断器の定格電流 I_B

$$I_B \leqq (I_M の合計) \times 3 + (I_H の合計)$$

(I_Mの合計)×3＋(I_Hの合計)＞2.5I_Wの場合

- 過電流遮断器の定格電流 I_B

$$I_B \leqq 2.5 I_W$$

- I_B：過電流遮断器の定格電流
- I_M：電動機の定格電流
- I_H：他の電気使用機械器具の定格電流
- I_W：低圧幹線の電線の許容電流

電動機負荷を含む低圧幹線　　　—例—

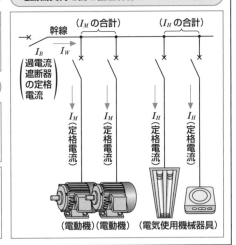

(電動機)(電動機)　(電気使用機械器具)

低圧幹線に施設する過電流遮断器の定格電流　　　—電動機・他の電気使用機械器具に給電—

❖低圧幹線を保護するために施設する過電流遮断器は，その低圧幹線の電線の許容電流以下の定格電流の過電流遮断器とします．

❖電灯と電熱回路などに使用する電線を過負荷電流と短絡電流から保護する場合の過電流遮断器の定格電流は，その電線の許容電流以下の定格電流とします．

- コード，電灯器具用心線などを保護する過電流遮断器として配線用遮断器を用いる場合の定格電流は 15 A または 20 A の定格電流とします．

❖低圧幹線に電動機またはこれに類する始動電流が大きい電気使用機械器具が接続される場合の低圧幹線を保護する過電流遮断器の定格電流は次のいずれかである必要があります．

（1）過電流遮断器の定格電流 I_B は，電動機などの定格電流 I_M の合計の3倍に他の電気使用器具の定格電流 I_H の合計を加えた値以下とし

ます．

（2）過電流遮断器の定格電流 I_B は，（1）の規定による値〔(I_Mの合計)×3＋(I_Hの合計)〕が，当該の低圧幹線の電線の許容電流 I_W を 2.5 倍した値を超える場合は，低圧幹線の電線の許容電流 I_W を 2.5 倍した値以下とします．

（3）当該の低圧幹線の電線の許容電流 I_W が 100 A を超える場合であって，（1）に規定する値〔(I_Mの合計)×3＋(I_Hの合計)〕または（2）に規定する値(2.5I_W)が，過電流遮断器の標準定格に該当しないときは(1)または(2)の規定による値より大きく，その値に最も近い標準定格の過電流遮断器とします．

❖電動機などに給電する低圧幹線に施設する開閉器の定格電流 I_S は，低圧幹線の過電流遮断器の定格電流 I_B 以上とします．

119

21　低圧幹線を分岐する場合の過電流遮断器の施設

太い幹線から細い幹線を分岐する場合の過電流遮断器の施設省略　　—内線規程 3605-7—

細い幹線を分岐する場合

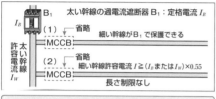

I_B　太い幹線の過電流遮断器 B_1：定格電流 I_B

（1）　省略　細い幹線がB_1で保護できる
MCCB

（2）　省略　細い幹線許容電流 $I \geqq (I_B$ または $I_W) \times 0.55$
MCCB
長さ制限なし

長さ8m以下の細い幹線を分岐する場合

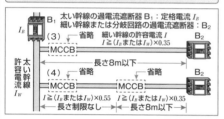

B_1　太い幹線の過電流遮断器 B_1：定格電流 I_B
細い幹線または分岐回路の過電流遮断器：B_2
（3）　省略　細い幹線の許容電流 I
$I \geqq (I_B$ または $I_W) \times 0.35$　B_2
MCCB
長さ8m以下

（4）　省略　省略　B_2
MCCB　MCCB
$I \geqq (I_B$ または $I_W) \times 0.55$　$I \geqq (I_B$ または $I_W) \times 0.35$
長さ制限なし　長さ8m以下

長さ3m以下の細い幹線を分岐する場合

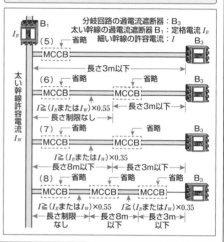

分岐回路の過電流遮断器：B_3
太い幹線の過電流遮断器 B_1：定格電流 I_B
（5）　省略　細い幹線の許容電流：I　B_3
MCCB
長さ3m以下

（6）　省略　省略　B_3
MCCB　MCCB
$I \geqq (I_B$ または $I_W) \times 0.55$　長さ3m以下
長さ制限なし

（7）　省略　省略　B_3
MCCB　MCCB
$I \geqq (I_B$ または $I_W) \times 0.35$　長さ3m以下
長さ8m以下

（8）　省略　省略　省略　B_3
MCCB　MCCB　MCCB
$I \geqq (I_B$ または $I_W) \times 0.55$　$I \geqq (I_B$ または $I_W) \times 0.35$
長さ制限　長さ8m　長さ3m
なし　以下　以下

低圧幹線（太い幹線）から他の低圧幹線（細い幹線）を分岐する場合の過電流遮断器の施設

❖低圧幹線（太い幹線）から細い電線を使用する他の低圧幹線（細い幹線）を分岐する場合は，その接続箇所に細い幹線を短絡電流から保護するために，過電流遮断器を施設します．

❖次のいずれかの場合，太い幹線から分岐する細い幹線の接続点に施設する過電流遮断器を省略することができます．

＜細い幹線を分岐する場合＞
（1）分岐する細い幹線が太い幹線に直接接続している過電流遮断器 B_1 で保護されている場合
（2）分岐する細い幹線の許容電流 I が，太い幹線の過電流遮断器の定格電流 I_B または太い幹線の電線の許容電流 I_W の55％以上の場合

＜長さ8m以下の細い幹線を分岐する場合＞
（3）分岐する長さ8m以下の細い幹線の許容電流 I が太い幹線の過電流遮断器の定格電流 I_B または電線の許容電流 I_W の35％以上の場合

（4）分岐する（2）の細い幹線に接続する長さ8m以下の細い幹線の許容電流 I が，太い幹線の過電流遮断器の定格電流 I_B または電線の許容電流 I_W の35％以上ある場合

＜長さ3m以下の細い幹線を分岐する場合＞
（5）分岐する長さが3m以下の細い幹線の場合
（6）分岐する（2）の細い幹線に，長さ3m以下の細い幹線を接続する場合
（7）分岐する（3）の長さ8m以下の細い幹線に，長さ3m以下の細い幹線を接続する場合
（8）分岐する（2）の細い幹線に，（3）の長さ8m以下の幹線を接続し，さらに長さ3m以下の細い幹線を接続する場合

注1：過電流遮断器設置の省略は低圧幹線に接続される使用機器が電動機など以外の場合を示す

注2：電動機の場合は，上記（1）〜（8）の文中から「電線の許容電流 I_W」を削除する．

22 低圧幹線の電線の太さ

住宅の低圧幹線の電線の太さ

	分岐回路数	mm²	mm
単相2線式	2	5.5	2.6
	3	8	3.2
	4	14	
単相3線式	2	—	2.0
	3	5.5	2.6
	4	5.5	2.6
	5～6	8	3.2
	7～8	14	4.0
	9～10	14	4.0
	11	22	5.0

電動機・電灯・加熱装置などに供給する低圧幹線の電線の太さ

電動機のみに供給する低圧幹線の電線の太さ

電動機の定格電流 I_M の合計　　―内線規程3705-6―

50A以下の場合	50Aを超える場合
●低圧幹線の電線の許容電流 I_W	●低圧幹線の電線の許容電流 I_W
$I_W \geqq (I_M の合計) \times 1.25$	$I_W \geqq (I_M の合計) \times 1.1$

電動機定格電流 I_M 合計＞他の機器定格電流 I_H 合計の低圧幹線の電線の太さ

電動機の定格電流 I_M の合計　　―内線規程3705-7―

50A以下の場合	50Aを超える場合
●低圧幹線の電線の許容電流 I_W	●低圧幹線の電線の許容電流 I_W
$I_W \geqq (I_M の合計) \times 1.25$ $+ (I_H の合計)$	$I_W \geqq (I_M の合計) \times 1.1$ $+ (I_H の合計)$

低圧幹線に使用する電線の太さの決め方　　―電動機・電灯・加熱装置などに給電―

❖低圧幹線の電線の太さは,次のように決めます.
● 低圧幹線の電線は,低圧幹線の各部分ごとに,その部分を通じて供給される電気使用機械器具の定格電流の合計以上の許容電流のある電線とします(内線規程3605-8).

❖住宅の低圧幹線の電線の太さは,使用電圧100Vの15A分岐回路また20A配線用遮断器分岐回路(124ページ参照)の場合,分岐回路の数により上欄左の表に示す値以上の太さとするとよいでしょう(内線規程3605-8).

❖電動機に供給する低圧幹線の電線の太さは,次の値以上の許容電流のある電線とします.
(1)低圧幹線に接続する電動機の定格電流 I_M の合計が50A以下の場合,低圧幹線の電線の許容電流 I_W は,電動機の定格電流 I_M の合計の1.25倍とします.
(2)低圧幹線に接続する電動機の定格電流 I_M の合計が50Aを超える場合,低圧幹線の電線の許容電流 I_W は,電動機の定格電流 I_M の合計の1.1倍とします(内線規程3705-6).

❖電動機と電灯,加熱装置,その他の電力装置などを合わせて供給する低圧幹線の電線の太さは,次の値以上の許容電流のある電線とします.
● 低圧幹線に接続される負荷のうち,電動機またはこれに類する始動電流の大きい機器の定格電流 I_M の合計が,他の電気使用機械器具の定格電流 I_H の合計より大きい場合,低圧幹線の電線の許容電流 I_W は,他の電気使用機械器具の定格電流 I_H の合計に下記(1),(2)の値を加えた値以上とします(内線規程3705-7).
(1)電動機の定格電流 I_M の合計が50A以下の場合は,その定格電流 I_M の合計の1.25倍
(2)電動機の定格電流 I_M の合計が50Aを超える場合は,その定格電流 I_M の合計の1.1倍

23 絶縁電線・ケーブルの許容電流

VVケーブルとIV電線を電線管に収める場合の許容電流

(内線規程 1340-1)

導体 単線・より線の別	直径又は公称断面積	VVケーブル3心以下	IV電線を同一の管，線ぴ又はダクト内に収める場合の電線数 許容電流〔A〕 —周囲温度30℃以下—						
			3以下	4	5~6	7~15	16~40	41~60	61以上
単線	1.2mm	(13)	(13)	(12)	(10)	(9)	(8)	(7)	(6)
	1.6mm	19	19	17	15	13	12	11	9
	2.0mm	24	24	22	19	17	15	14	12
	2.6mm	33	33	30	27	23	21	19	17
	3.2mm	43	43	38	34	30	27	24	21
より線	5.5mm²	34	34	31	27	24	21	19	16
	8mm²	42	42	38	34	30	26	24	21
	14mm²	61	61	55	49	43	38	34	30
	22mm²	80	80	72	64	56	49	45	39
	38mm²	113	113	102	90	79	70	63	55
	60mm²	150	152	136	121	106	93	85	74
	100mm²	202	208	187	167	146	128	116	101
	150mm²	269	276	249	221	193	170	154	134
	200mm²	318	328	295	262	230	202	183	159
	250mm²	367	389	350	311	272	239	217	189
	325mm²	435	455	409	364	318	280	254	221
	400mm²	—	521	469	417	365	320	291	253
	500mm²	—	589	530	471	412	362	328	286

絶縁電線・ケーブルの許容電流は絶縁の種類・周囲温度・施設方法で異なる

❖絶縁電線やケーブルの**許容電流**とは，その絶縁電線やケーブルに流すことができる最大の電流の値をいいます．

❖絶縁電線やケーブルには，電気抵抗 R があるので，電流 I が流れると，電流 I の2乗に比例するジュール熱(I^2R)が発生します．

●発熱量は，電流値が大きいほど多くなるので，この発熱で絶縁電線やケーブルの導体が加熱され，これにより被覆の絶縁物やシースが劣化，溶融，焼損に至ることから，絶縁電線やケーブルは許容電流の値を決め，流すことのできる電流値を制限しています．

❖絶縁電線やケーブルの許容電流は，被覆に用いられる絶縁物の種類，施設する場所の周囲温度，金属管配線，ケーブル配線などの施設方法により異なります．

❖絶縁電線などを電線管に多く収容すると，電線同士が密に接触するため放熱性能が悪化します．

●放熱性能の悪化は，許容電流の低減につながるので，流す電流値を低くする必要があり，これを電流減少係数といい，流せる電流は許容電流値に電流減少係数を乗じた値となります．

❖許容電流による絶縁電線・ケーブルの選定に当たっては，"**絶縁電線・ケーブルの許容電流＞過電流遮断器の定格電流＞負荷電流**"を基本とするとよいでしょう．

❖VVケーブルとIV電線を電線管に収める場合の許容電流を上欄に示します．

❖低圧配線中の電圧降下は，幹線と分岐回路においてそれぞれ標準電圧の2%以下とします．

—引込線取付点から引込口までの部分も幹線に含める—

●電線使用場所内の変圧器により供給される場合の幹線の電圧降下は3%以下とします．

24 低圧屋内幹線の簡便設計 ―幹線電流が特定されている場合―

幹線の太さ，開閉器と過電流遮断器の容量　　　　　　　　　　　―低圧屋内幹線―

1線当たりの最大想定負荷電流(A)	配線の種類による幹線の最小太さ(銅線)			開閉器の定格〔A〕	過電流遮断器の定格〔A〕	
	がいし引き配線	電線管，線ぴに3本以下の電線を収める場合及びVVケーブル配線など	CV ケーブル配線		B種ヒューズ	配線用遮断器
20	mm² 2 (9) 《18》	mm² 2 (9) 《18》	mm² 2 (6) 《11》	30	20	20
30	2.6 (10) 《20》	2.6 (10) 《20》	2 (4) 《7》 〔B種ヒューズの場合は 3.5(7)《13》〕	30	30	30
40	mm² 8 (11) 《22》	mm² 8 (11) 《22》	3.5 (5) 《10》	60	40	40
50	8 (9) 《18》	14 (16) 《31》	5.5 (6) 《12》	60	50	50
60	8 (7) 《15》 〔B種ヒューズの場合 14(13)《26》〕	14 (13) 《26》 〔B種ヒューズの場合 22(20)《41》〕	8 (7) 《15》	60	60	60
75	14 (10) 《21》	22 (16) 《33》	14 (10) 《21》	100	75	75
100	22 (12) 《24》	38 (21) 《41》	14 (8) 《16》 〔B種ヒューズの場合は 22(12)《24》〕	100	100	100
125	38 (16) 《33》	60 (27) 《53》	22 (10) 《20》	200	125	125
150	38 (14) 《28》	60 (22) 《44》 〔B種ヒューズの場合 100(37)《75》〕	38 (14) 《28》	200	150	150
175	60 (19) 《38》	100 (32) 《64》 〔B種ヒューズの場合 150(49)《98》〕	38 (12) 《24》	200	200	175
200	60 (16) 《33》	100 (28) 《56》 〔B種ヒューズの場合 150(43)《86》〕	60 (16) 《33》	200	200	200
250	100 (22) 《45》	150 (34) 《69》	100 (22) 《45》	300	250	250
300	150 (28) 《57》	200 (36) 《73》	100 (19) 《37》	300	300	300
350	150 (24) 《49》 〔B種ヒューズの場合 200(31)《63》〕	250 (40) 《81》 〔B種ヒューズの場合 325(52)《14》〕	150 (24) 《49》	400	400	350
400	200 (27) 《55》	325 (45) 《90》	150 (21) 《42》	400	400	400

備考1：( )内の数値は100V 単相2線式における電圧降下2％のときの電線こう長を示す．

備考2：《 》内の数値は100/200V 単相3線式における電圧降下2％のときの電線こう長を示す．

出展：内線規程 3605-9「幹線の簡便設計」

5 低圧屋内配線の幹線から分岐する分岐回路

25 分岐回路は幹線から分岐し負荷に至る配線をいう

低圧屋内配線の分岐回路

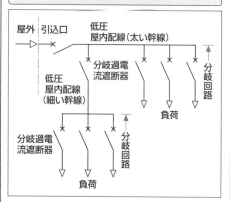

低圧屋内配線の分岐回路の種類

分岐回路の種類 ―内線規程 3605-2―	分岐過電流遮断器の 定格電流
15A 分岐回路	15A 以下
20A 配線用遮断器 分岐回路	20A（配線用遮断器）
20A 分岐回路	20A（ヒューズ）
30A 分岐回路	30A
40A 分岐回路	40A
50A 分岐回路	50A
50A を超える分岐回路	配線の許容電流以下

分岐回路の種類は分岐過電流遮断器の定格電流により区分される

❖ **分岐回路**とは，幹線から分岐し分岐過電流遮断器を経て，負荷に至る間の配線をいいます．

● **分岐過電流遮断器**とは，分岐回路ごとに施設するものであって，その分岐回路を過負荷電流，短絡電流から保護する過電流遮断器をいいます．
　─分岐過電流遮断器としては，一般に配線用遮断器またはヒューズが用いられている─

❖ 分岐回路には，低圧幹線（太い幹線：120 ページ参照）から直接分岐して，分岐過電流遮断器を経て電灯・コンセントなどの負荷に至る配線があります．

● また，分岐回路には，低圧幹線（太い幹線）から分かれて，細い電線を使用する低圧幹線（細い幹線）から分岐して，分岐過電流遮断器を経て負荷に至る間の配線もあります．

❖ 分岐回路の種類は，分岐回路を保護する分岐過電流遮断器の定格電流に応じて，15A 分岐回路，20A 分岐回路，30A 分岐回路，40A 分岐回路，50A 分岐回路，50A を超える分岐回路に区分されています．

● たとえば，15A 分岐回路とは，分岐過電流遮断器の定格電流が 15A 以下をいいます．

● 20A 分岐回路には，定格電流が 15A を超え 20A 以下の配線用遮断器による回路と，定格電流が 15A を超え 20A 以下の配線用遮断器以外（ヒューズ）による回路があります．

❖ すべての負荷は，上欄に示す分岐回路の区分のいずれかで施設することになっています．

26 住宅における分岐回路数

住宅における分岐回路数 　　　　　　　　　　　　　　　　　　　（内線規程 3605-3）

住宅の広さ 〔m²〕	望ましい分岐回路数				
	計	内　訳			α（個別に算出した 分岐回路数）
		電灯用	一般コンセント用		
			台所用	台所用以外	
50（15 坪）以下	4 + α	1	2	1	αの値は厨房用大形機械，ルームエアコンディショナ，衣類乾燥機などの設置数により増加させる分岐回路数（200 V 分岐回路を含む。）を示す。
70（20 坪）〃	5 + α	1	2	2	
100（30 坪）〃	6 + α	2	2	2	
130（40 坪）〃	8 + α	2	2	4	
170（50 坪）〃	10 + α	3	2	5	
170（50 坪）超過	11 + α	3	2	6	

住宅における設備負荷容量と必要最小分岐回路数

- 設備負荷容量〔VA〕＝住宅の床面積〔m²〕× 標準負荷（40〔VA/m²〕）＋（500〜1 000）〔VA〕
- 必要最小分岐回路数＝設備負荷容量〔VA〕／ 1 500〔VA〕

必要最小の分岐回路数は設備負荷容量から算出する

❖使用電圧が 100 V の電灯および小形電気機械器具の設備負荷容量〔VA〕が想定可能な場合には，使用電圧 100 V の 15 A 分岐回路と分岐過電流遮断器に配線用遮断器使用の 20 A 分岐回路における必要最小の分岐回路数は，設備負荷容量〔VA〕を 1500 VA で除した値とします。

　　—計算結果に端数を生じた場合は，これを切り上げた数とする—

❖住宅における使用電圧が 100 V の電灯および小形電気機械器具の 1 住戸当たりの設備負荷容量〔VA〕は，住宅の床面積 S〔m²〕に住宅に応じた標準負荷 A〔VA/m²〕を乗じた値に，住宅に応じた負荷 B〔VA〕を加えた値とします。

- 住宅に応じた標準負荷 A は 40 VA/m² が，また，加算する負荷 B は住宅 1 世帯当たり 500 〜 1 000 VA が，推奨されています。

- たとえば，床面積 100 m² の住宅の設備負荷容量 P〔VA〕は，加算すべき負荷 B を 1 000 VA とすると

$$P〔VA〕= 100〔m²〕× 40〔VA/m²〕\\ + 1 000〔VA〕= 5 000〔VA〕$$

　　最小分岐回路数＝ 5 000 ／ 1500 ≒ 3.3 端数を切り上げて 4 分岐回路とします。

❖電灯および小形電気機械器具以外の負荷に供給する分岐回路数については，施設される電気機械器具の容量および使用電圧に応じて，個別に算出するとよいでしょう。

❖定格電流が 10 A を超える据置形の大形電気機械器具は，専用の分岐回路を設けるとよいです。

❖住宅の分岐回路は，電灯用とコンセント用に分けられ，分岐回路数は住宅の広さに関連して，上欄に示す分岐回路数が，標準的なものとして推奨されています（内線規程 3605-3）。

27 分岐回路には開閉器・過電流遮断器を取り付ける

分岐回路の過電流遮断器の取付け箇所

―内線規程 3605-4―
I_B：幹線の過電流遮断器の定格電流
I ：分岐回路の電線の許容電流

幹線 I_B ―― 幹線の電線の許容電流 I_W

分岐過電流遮断器

3m以下

分岐過電流遮断器

$I \geqq I_B \times 0.35$

8m以下

分岐過電流遮断器

$I \geqq I_B \times 0.55$

任意の長さ

住宅分岐回路 ―開閉器・過電流遮断器―

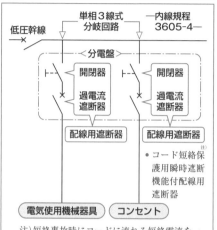

単相3線式分岐回路　―内線規程 3605-4―

低圧幹線

＜分電盤＞

開閉器　開閉器

過電流遮断器　過電流遮断器

配線用遮断器　配線用遮断器[注]

- コード短絡保護用瞬時遮断機能付配線用遮断器

電気使用機械器具　コンセント

注）短絡事故時にコードに流れる短絡電流を一定の領域以下で瞬時に遮断する機能をいう.

分岐回路の開閉器・過電流遮断器の取付け箇所

❖低圧屋内配線の幹線から分岐する分岐回路を過負荷電流と短絡電流から保護する過電流遮断器は，幹線との分岐点から電気使用機械器具に至る電線の長さが3m以下の箇所に設けます.

❖低圧幹線との分岐点から過電流遮断器までの分岐回路の電線が以下に示す場合は，分岐点から3mを超える箇所に過電流遮断器を施設することができます(内線規程 3605-4).

- 分岐回路の電線の許容電流 I が，その電線に接続する低圧幹線を保護する過電流遮断器の定格電流 I_B の55％以上である場合，分岐点から3mを超える任意の長さの箇所に施設できます.

- 分岐回路の電線の長さが8m以下であり，かつ，電線の許容電流 I が，その電線に接続する低圧幹線を保護する過電流遮断器の定格電流 I_B の35％以上である場合，分岐点から8m以下の箇所に施設できます.

❖定格電流が50〔A〕を超える一つの電気使用機械器具に至る分岐回路に施設する過電流遮断器の定格電流は，電気使用機械器具の定格電流を1.3倍した値を超えないものとします.

❖低圧幹線から分岐する分岐回路には，開閉器を施設します.

- 分岐回路に施設する過電流遮断器が開閉器の機能を有するものである場合は，過電流遮断器と別に開閉器を施設する必要はありません.

❖住宅に施設する単相3線式分岐回路の開閉器および過電流遮断器は，分電盤内に施設します.

- 住宅の分岐回路用の過電流遮断器は，配線用遮断器とします.

- コンセントを有する分岐回路に施設する過電流遮断器としての配線用遮断器は，"コード短絡保護用瞬時遮断機能(コード短絡時に短絡電流を瞬時に遮断する機能)"を有するものとします.

28 電動機分岐回路の過電流遮断器の定格電流

電動機分岐回路の分岐過電流遮断器の定格電流

電動機の定格電流 —内線規程3705-3—

50〔A〕以下の場合	50〔A〕を超える場合
$I_{B1} \leqq I_M \times 3 + (I_H の合計)$	$I_{B1} \leqq I_M \times 2.75 + (I_H の合計)$
● I_{B1}：過電流遮断器の定格電流 ● I_M：電動機の定格電流 ● I_H：他の電気使用機械器具の定格電流	● I_{B1}：過電流遮断器の定格電流 ● I_M：電動機の定格電流 ● I_H：他の電気使用機械器具の定格電流

電動機分岐回路の分岐開閉器の定格電流

$$I_S > I_{B1}$$

● I_S：分岐開閉器の定格電流
● I_{B1}：分岐過電流遮断器の定格電流

電動機の分岐回路

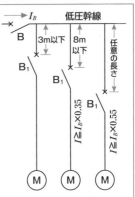

I_B：幹線の過電流遮断器の定格電流
I：分岐回路の電線の許容電流
B_1：分岐過電流遮断器

電動機分岐回路の過電流遮断器の取付け箇所と定格電流の決め方 —内線規程3705-3・4—

❖電動機の分岐回路とは，低圧幹線から分岐し，分岐開閉器および分岐過電流遮断器を経て，電動機に至る間の配線をいいます．

❖電動機は，1台ごとに専用の分岐回路を設けて施設するのを原則とします．

● 電動機を専用の分岐回路とするのは，電動機および配線に故障を生じた場合，その故障が及ぶ範囲を極力限定するとともに，保守・点検を容易にするためです．

❖低圧幹線から分岐して，電動機に至る分岐回路には，分岐点から電線の長さ3m以下の箇所に分岐開閉器および分岐過電流遮断器を施設するのを原則とします．

— 分岐回路の電線の長さを"こう長"という—

● 電動機の分岐回路に設ける分岐開閉器と分岐過電流遮断器は，前ページに記す内容（$I \geqq I_B \times 0.55$，$I \geqq I_B \times 0.35$）を満たす場合，分岐点から3mを超える箇所である"任意の長さの箇所"または"8m以下の箇所"に施設できます．

❖電動機の分岐回路に取り付ける分岐開閉器の定格電流 I_S は，分岐過電流遮断器の定格電流 I_B 以上とします（内線規程3705-3）．

❖電動機に電気を供給する分岐回路に取り付ける過電流遮断器の定格電流は次のように決めます．

● 電動機の定格電流 I_M が50〔A〕以下の場合，過電流遮断器の定格電流 I_{B1} は，電動機の定格電流 I_M の3倍に，他の電気使用機械器具の定格電流 I_H の合計を加えた値以下とします．

● 電動機の定格電流 I_M が50〔A〕を超える場合，過電流遮断器の定格電流 I_{B1} は，電動機の定格電流 I_M の2.75倍に他の電気使用機械器具の定格電流 I_H の合計を加えた値以下とします．

❖分岐過電流遮断器は，分岐回路に施設する過負荷保護装置と保護協調を保つ必要があります．

29 分岐回路の電線の太さと許容電流

分岐回路の電線の太さ　　　　　　　　　　　　―電気設備技術基準・解釈第149条―

分岐回路を保護する過電流遮断器の種類	軟銅線の太さ	MIケーブルの太さ
定格電流が15A以下のもの(15A)	直径1.6mm	断面積1mm^2
定格電流が15Aを超え20A以下の配線用遮断器(20A)		
定格電流が15Aを超え20A以下のもの(配線用遮断器を除く)	直径2mm	断面積1.5mm^2
定格電流が20Aを超え30A以下のもの(30A)	直径2.6mm	断面積2.5mm^2
定格電流が30Aを超え40A以下のもの(40A)	断面積8mm^2	断面積6mm^2
定格電流が40Aを超え50A以下のもの(50A)	断面積14mm^2	断面積10mm^2

電動機分岐回路の電線の許容電流　　　　　　　　―内線規程3705-4―

電動機定格電流が50〔A〕以下の場合	電動機定格電流が50〔A〕を超える場合
$I_{W1} \geqq I_M \times 1.25$	$I_{W1} \geqq I_M \times 1.1$
I_{W1}：分岐回路の電線の許容電流 I_M：電動機の定格電流	I_{W1}：分岐回路の電線の許容電流 I_M：電動機の定格電流

分岐回路の種類に応じて電線の太さが異なる　　　　―電動機分岐回路の電線の許容電流―

❖低圧屋内配線の幹線から分岐する分岐回路の電線の太さは，分岐回路の種類に応じて，上欄の表に示す値以上の軟銅線，または太さが上表右に示す値以上のMIケーブルとします(内線規程3605-5).

　―MIケーブルは無機絶縁ケーブルといい，銅導体を酸化マグネシウムと銅シースで被う無機絶縁されたケーブルをいう―

●幹線からの分岐点から電線の長さが3m以下の部分に，一つのコンセントを設ける場合の電線の許容電流は，この電線を流れる負荷電流以上のものとします.

●15A分岐回路または20A配線用遮断器分岐回路の電線は，定格電流が15A以下のコンセントを設ける場合，単相2線式100V回路，単相3線式100/200V回路では，分岐過電流遮断器から最終コンセントまでの電線でこう長が20m以下ならば，電線の太さは1.6mm(銅線)とします.

❖定格電流が50Aを超える一つの電気使用機械器具(電動機を除く)に至る分岐回路の電線の許容電流は，電気使用機械器具および過電流遮断器の定格電流以上とします.

❖電動機または始動電流が大きい電気使用機械器具のみに至る分岐回路の電線の許容電流は，過電流遮断器の定格電流の2.5分の1以上とします(内線規程3705-4).

❖単独に連続運転する電動機等に供給する分岐回路の電線は，次によります.

●電動機等の定格電流が50A以下の場合はその定格電流の1.25倍以上の許容電流のある電線.

●電動機等の定格電流が50Aを超える場合はその定格電流の1.1倍以上の許容電流のある電線.

30 住宅用コンセントは広さ・用途により施設する

リビング（居間）

広さ	コンセント施設数〔個〕	
	100V用	200V用
3〜4.5畳	2	—
4.5〜6畳	3	1
6〜8畳	4	
8〜10畳	5	
10〜12畳	6	

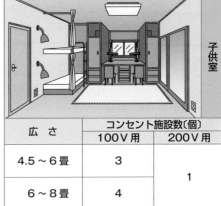

子供室

広さ	コンセント施設数〔個〕	
	100V用	200V用
4.5〜6畳	3	1
6〜8畳	4	

ダイニング（食事室）

コンセント施設数〔個〕	
100V用	200V用
4	1

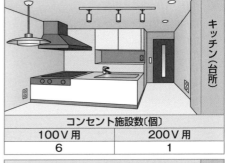

キッチン（台所）

コンセント施設数〔個〕	
100V用	200V用
6	1

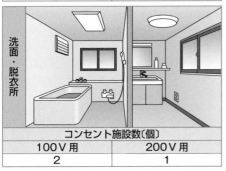

洗面・脱衣所

コンセント施設数〔個〕	
100V用	200V用
2	1

玄関

コンセント施設数〔個〕	
100V用	200V用
1	—

❖住宅におけるコンセントの施設数は，部屋の用途や広さによって異なるので，上記に部屋の用途と推奨されているコンセントの施設数を示します（内線規程3605-6）.

● 上記において，コンセントは1口でも2口でも1個とします.

129

照明設備は人工光源により視環境を確保する

31 照明設備は電気エネルギーを光エネルギーに変換する

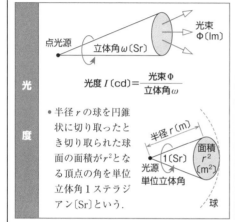

光度

光度 I〔cd〕＝ $\dfrac{光束 \Phi}{立体角 \omega}$

• 半径 r の球を円錐状に切り取ったとき切り取られた球面の面積が r^2 となる頂点の角を単位立体角 1 ステラジアン〔Sr〕という.

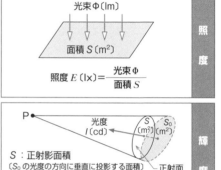

照度

照度 E〔lx〕＝ $\dfrac{光束 \Phi}{面積 S}$

輝度

S : 正射影面積
（S_0 の光度の方向に垂直に投影する面積）

輝度 L〔cd/m²〕＝ $\dfrac{光度 I}{正射影面積 S}$

照明に使用される用語
　　　　　　　　　　　　　　　　　　　—光束・光度・照度・輝度—

❖ **照明設備**とは，電気エネルギーを光エネルギーに変換して，その光を私たちの生活に役立たせることを目的とした設備をいいます.

● 照明設備は，建物や施設などの自然採光の不十分な場所や夜間において，人工光源により視環境を確保します.

❖ 照明によく使用される用語について以下に示します.

● **光束**……記号：Φ　単位：ルーメン〔lm〕
光束とは，放射束を視覚によって測った量をいいます.
放射束とは，電磁波や光子の形で放射や入射する単位時間当たりに空間を伝搬する放射エネルギーをいいます.

● **光度**……記号：I　単位：カンデラ〔cd〕
光度とは，ある方向の光の強さをいい，点光源からある方向へ向かう光束を，その光源を頂点とし，その方向へ単位立体角当たりに発散する光束に換算した値をいいます.

● **照度**……記号：E　単位：ルクス〔lx〕
照度とは，光源によって照らされる面の明るさの程度をいい，与えられた点を含む微少面に入射した光束を単位面積に換算した値をいいます.
水平面照度とは，ある点を含む水平面上の面に垂直方向の照度をいいます.

● **輝度**…記号：L　単位：〔cd/m²〕
輝度とは，ある方向からみたもののまぶしさを表し，単位面積当たりの光度をいいます.

32 照明方式にはいろいろある

		直接照明		半直接照明	全般拡散照明	半間接照明	間接照明
照明設備の配光分類	配光曲線 光束 上半球	0~10%	0~10%	10~40%	40~60%	60~90%	90~100%
	光束 下半球	90~100%	90~100%	60~90%	40~60%	10~40%	0~10%

	全般照明	局部的全般照明	局部照明	タスク・アンビエント照明
照明設備の配置分類	光源	光源　光源	光源　光源	光源 アンビエント照明 光源 タスク照明

照明器具の配光，配置による照明方式

❖照明方式を照明器具の配光および配置により分類して，次に記します.

＜照明器具の配光による分類＞

● 配光とは，照明器具の光度に対する分布をいい，光度分布を描いた曲線を配光曲線といいます.

● **直接照明**：大きさが無限と仮定した作業面に，発散する光束の 90 ～ 100％が，直接に到達するような配光をもった照明器具による照明.

● **半直接照明**：大きさが無限と仮定した作業面に，発散する光束の 60 ～ 90％が，直接に到達するような配光をもった照明器具による照明.

● **全般拡散照明**：大きさが無限と仮定した作業面に，発散する光束の 40 ～ 60％が，直接に到達するような配光をもった照明器具による照明.

● **半間接照明**：大きさが無限と仮定した作業面に，発散する光束の 10 ～ 40％が，直接に到達するような配光をもった照明器具による照明.

● **間接照明**：大きさが無限と仮定した作業面に，発散する光束の 0 ～ 10％が，直接に到達するような配光をもった照明器具による照明.

＜照明器具の配置による分類＞

● **全般照明**：特別な局部の要求を満たすのではなく部屋全体を均一に照らすよう設計した照明.

● **局部照明**：全般照明によるのではなく，比較的小面積な場所や限られた場所を照らすよう設計した照明.

● **局部的全般照明**：ある特定の位置，たとえば作業を行う場所などで，ある領域より高照度にするよう設計された全般照明.

● **タスク・アンビエント照明**：作業領域（タスク）の空間に対しては専用の局部照明を設けて特に照らし，天井，壁などの周辺（アンビエント）には，全般照明により，全体を均一な照度で照らすよう設計された照明.

131

33　事務所・工場・住宅の維持照度

事務所	単位：〔lx〕
領域・作業・活動	維持照度
設計・製図	750
キーボード操作	500
設計室，製図室 事務所，役員室	750
電子計算機室 集中監視室 制御室，印刷室 調理室，診察室 守衛室	500
受付	300
会議室，応接室 集会室	500
宿直室，食堂	300
湯沸室，喫茶室 オフィスラウンジ 書庫，更衣室 便所，洗面所 電気室，機械室 電気・機械室の配電盤・計器盤	200
倉　庫	100
階　段	150
屋内非常階段	50
廊下，エレベータ	100
エレベータホール	300
玄関ホール（昼間）	750
玄関ホール（夜間） 玄関車寄せ	100

工　場	単位：〔lx〕
領域・作業・活動	維持照度
精密機械，電子部品の製造，印刷工場での極めて細かい視作業．たとえば，組立a，検査a，試験a，選別a	1 500
繊維工場での選別，検査，印刷工場での植字，校正，化学工場での分析などの細かい視作業．たとえば，組立b，検査b，選別b	750
一般の製造工場などでの普通の視作業．たとえば，組立c，試験c，選別c，包装a	500
粗な視作業で限定された作業．たとえば，包装b，荷造a	200
ごく粗な限定された作業．たとえば，包装c，荷造b，c	100
設計・製図	750
制御室などの計器盤，制御盤の監視	500
倉庫内の事務	300
荷積み，荷降ろし，荷の移動	150
設計室，製図室	750
制御室	200
作業を伴う倉庫	200
倉　庫	100
電気室，空調機械室	200
便所，洗面所	200
階　段	150
屋内非常階段	50
廊下，通路，出入口	100

住　宅	単位：〔lx〕		
領域・作業・活動			維持照度
居　間		手　芸	1 000
		団らん	200
		全　般	50
書　斎		読　書	750
		全　般	100
子供室		勉　強	750
		遊　び	200
		全　般	100
応接室 洋　間		テーブル	200
		ソファ	200
		全　般	100
座　敷		座　卓	200
		全　般	100
食　堂		食　卓	300
		全　般	50
台　所		調理台	300
		全　般	100
寝　室		読　書	500
		全　般	20
化粧室 浴　室		化　粧	300
		洗　面	300
		洗　濯	200
		全　般	100
便　所		全　般	75
階　段		全　般	50
廊　下		深　夜	2
物　置		全　般	30
玄　関		靴脱ぎ	200
		全　般	100
車　庫		全　般	50

- 出典：JIS Z 9110（照明基準総則）抜粋
- 維持照度とは，ある面の平均照度を使用期間中に下回らないように維持すべき値をいう．
- 工場表中のaは細かいもの，暗色のもの，対比の弱いもの，特に高価なもの，衛生に関係のあるもの，精度の高いことを要求される場合，作業時間の長い場合などを表す．bはaとcの中間のものを表す．cは粗いもの，明色のもの，頑丈なもの，さほど高価でないものを表す．

34 光源には熱放射光源とルミネセンス光源がある

白熱電球

- 口金
- 外部導入線
- ステム
- 内部導入線
- アンカ
- タングステン フィラメント
- ガラス・バルブ

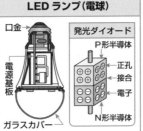

LED ランプ（電球）

- 口金
- 電源基板
- ガラスカバー

発光ダイオード
- P形半導体
- 正孔
- 接合
- 電子
- N形半導体

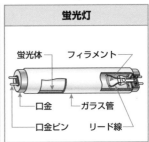

蛍光灯

- 蛍光体
- フィラメント
- 口金
- ガラス管
- 口金ピン
- リード線

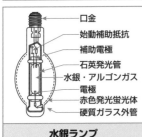

- 口金
- 始動補助抵抗
- 補助電極
- 石英発光管
- 水銀・アルゴンガス
- 電極
- 赤色発光蛍光体
- 硬質ガラス外管

水銀ランプ

- 口金
- バイメタル
- 抵抗
- 発光管
- リードワイヤ
- 保温材
- ゲッター
- 外管

メタルハライドランプ

- 口金
- ゲッター
- 始動ユニット
- 始動補助導体
- 発光管
- 外管

高圧ナトリウムランプ

光源には白熱電球・LED ランプ・低圧放電ランプ・高圧放電ランプなどがある

❖ **光源**とは，可視光を放射する物体をいい，放電の機構から，物体を加熱して高温にすると可視光が放射される**熱放射光源**と，それ以外の**ルミネセンス光源**があります．

● 熱放射光源の代表例として白熱電球があり，コイル状のタングステンのフィラメントを電流によって加熱し，その熱で発する光を利用しています（白熱電球は LED ランプに移行）．

● ルミネセンス光源には，LED ランプ，低圧放電ランプ，高圧放電ランプなどがあります．

❖ **LED ランプ**の LED とは，発光ダイオードの略で，通電すると光を発する半導体をいいます．

● 発光ダイオードは，P 形半導体（正孔：正電荷をもつ）と N 形半導体（電子：負電荷をもつ）を接合したもので，順方向の電圧を加えると電流が流れ正孔と電子が再結合し，もっているエネルギーの一部を光エネルギーに変えます．

❖ 低圧放電ランプには蛍光灯，低圧ナトリウムランプなどがあります．

● 蛍光灯は，真空にしたガラス管内に水銀蒸気を封入し，電極間に発生させたアーク放電による電子が水銀の原子と衝突して生ずる紫外線をガラス管内面に塗った蛍光体に当てて，可視光に変換する放電ランプです（LED ランプに移行）．

● 低圧ナトリウムランプは，管内に封入したナトリウム蒸気中の放電によりオレンジ色の単色光を発光し，自動車専用道路などに用いられます．

❖ **高圧放電ランプ**は，HID ともいい，管球内にアルゴンガスと水銀蒸気を封入し，放電により青白色の光を発する水銀ランプ，アルゴンガスと水銀蒸気に加えてハロゲン化金属の蒸気を封入したメタルハライドランプ，アルゴンガスと水銀蒸気に加えて高圧ナトリウム蒸気を封入した高圧ナトリウムランプなどがあります．

35 照明器具にはいろいろな種類がある

住宅に使用される照明器具の例

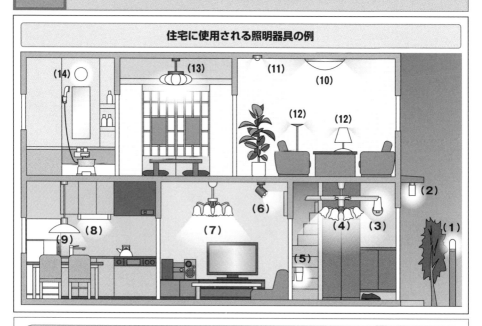

住宅における照明器具の種類とその用途　　　　　　　　例

❖住宅に使用されている主な照明器具の種類と，その用途の例を次に記します（上図参照）.

（1）**門灯**　門壁に取り付けて足元を照らす.

（2）**ポーチライト**　玄関ドア周辺を照らす.

（3）**ブラケットライト**　壁面や柱に取り付けられ，玄関ホールや居間などに用いられる.

（4）**シーリングファン**　照明器具とファンを一体化し，部屋全体の照明とファンを回して温度を均一化する.

（5）**フットライト**　階段，廊下や寝室で足元を照らすのに用いる.

（6）**スポットライト**　指向性の強い光で，絵画やインテリアを照らすのに用いる.

（7）**シャンデリア**　天井から吊り下げる多灯型の照明器具で，装飾性が高くリビングや吹抜け空間の照明に用いられる.

（8）**キッチンライト**　キッチンの上部に取り付けられ，キッチン全体を照らす.

（9）**ペンダントライト**　天井から吊り下げる照明器具で，ダイニングルームやキッチンの食卓などに用いられる.

（10）**シーリングライト**　天井に半円を描いたように直接取り付ける照明器具で，メイン照明として，部屋全体を明るく均一に照らす.

（11）**ダウンライト**　天井や壁に埋め込まれ，器具が出ていないことから，光そのものでモダンな空間を演出できる.

（12）**スタンド**　部屋のコーナーやテーブルサイド，ベッドサイドに置かれ，床置きのフロアスタンドと卓上用のテーブルスタンドがある.

（13）**和風照明**　木材，竹，和紙などを素材とした照明器具で，和室に使用される.

（14）**浴室灯**　浴室など湿気の多い場所で使用できる照明器具で，防湿構造になっている.

36 屋内全般照明における照度計算の方法

事務室の全般照明におけるランプ本数の求め方（例）　　　　　　—光束法—

❖事務所ビルの事務室で間口8m，奥行10m，天井高さ2.8m，室内仕上げが天井：白色プラスター塗り，壁：淡色ペンキ塗りにおける全般照明の照明器具のランプ本数を求めよ．

- 平均照度：$E = 750$〔lx〕
  （132ページ参照：JIS Z 9110の事務室）
- 床面積：$A = 8 \times 10 = 80$〔m²〕
- 光源から作業面までの高さ：$H = 1.95$〔m〕
  $H = 2.8 - 0.85 = 1.95$〔m〕
  （作業面は一般事務所では床上0.85〔m〕）
- 室指数 $K = \dfrac{8 \times 10}{1.95 \times (8 + 10)} \fallingdotseq 2.3$
- 反射率：天井75％（白色プラスター塗り）
  　　　　壁50％（淡色ペンキ塗り）
- 照明率：$U = 0.56$（右表参照）
- 保守率：$M = 0.7$（蛍光灯の場合）
- 使用照明器具：直付けV形FL40W×2

- ランプ光束：$F = 3\,000$〔lm〕

  ランプ本数 $N = \dfrac{750 \times 80}{3\,000 \times 0.56 \times 0.7} = 51$

  2灯式の器具であるから必要台数26台

反射率 天井	75%			50%		
壁	50%	30%	10%	50%	30%	10%
室指数	照明率					
0.60 ⋮ 1.50	0.30 0.51	0.24 0.45	0.20 0.41	0.28 0.48	0.23 0.43	0.20 0.39
2.0	0.56	0.50	0.46	0.52	0.47	0.44
2.5	0.61	0.55	0.50	0.56	0.51	0.48

屋内全般照明における平均照度とランプ本数の算出方法

❖屋内照明の光束法による照度計算を以下に示す．
- 光束法とは，光源から出た全光束が作業面に達する割合，すなわち照明率により作業面の平均照度を求める方法です．
❖屋内の全般照明における平均照度 E〔lx〕は，次の式で求められます．

  $$E\,\text{〔lx〕} = \frac{F \cdot N \cdot U \cdot M}{A}$$

- ここで，Fはランプ光束〔lm／本〕，Nはランプの本数，Uは照明率，Mは保守率，Aは作業面の面積〔m²〕です．
- 照明率 U とは，光源の光束と作業面に入射する光束の比をいいます．
- 照明率は，室指数 K を算出し，照明器具を選び，天井・壁表面の反射率から求めます．
- 室指数 K は，部屋の間口 X〔m〕，奥行 Y〔m〕，光源から作業面までの高さを H〔m〕とすると次の式で求められます．

  $$K = \frac{X \cdot Y}{H(X + Y)}$$

- 保守率 M とは，ある期間使用後の作業面の平均照度と初期平均照度の比をいいます．
❖光束法により照度計算を行う場合，JIS Z 9110（照明基準総則：132ページ参照）から，照明しようとする作業・活動場所を特定し，その平均必要照度（維持照度）が定まれば，照明器具のランプ本数 N は，次の式で求められます．

  $$N = \frac{E \cdot A}{F \cdot U \cdot M}\,\text{〔本〕}$$

- 平均必要照度に適した照明器具を選びます．
- 作業・活動場所の室指数を算出し，その天井・壁の反射率を決定して，照明率を求めます．
- 照明器具のランプ光束を特性表から求め，保守率をメーカーの設計資料などから特定します．

7 コンセントとスイッチ

37 コンセントにはいろいろな形がある

固定形コンセント・可搬形コンセントと差込プラグ 　　　　　　　　　　─例─

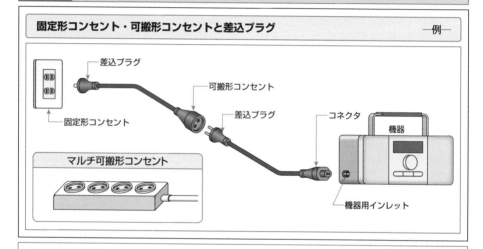

コンセントは差込プラグの抜き差しで電路を断路し閉路する

❖**コンセント**とは，差込接続器のプラグ受の一種で，刃受，配線接続端子などから構成されるものをいいます．

●**差込接続器**とは，差込プラグをプラグ受に抜き差しして，配線とコードまたはコード相互間の電気的接続および断路するものをいいます．

●**差込プラグ**とは，刃および絶縁物で覆ったコード接続部などから構成され，これを手に持ってプラグ受に抜き差しするものをいいます．

❖**固定形コンセント**とは，固定した配線に接続するコンセントをいいます．

❖**可搬形コンセント**とは，可とうケーブルに接続するか，または一体になっており，電源に接続するとき，ある場所から他の場所に容易に動か

すことができるコンセントをいいます．

❖**機器用コンセント**とは，機器に組み込むか，機器に固定するコンセントをいいます．

❖**引掛形コンセント**とは，刃および刃受が円弧でわん曲しており，これに適合する差込プラグを差し込み，右方向に回転させると差込プラグが抜けない構造としたコンセントをいいます．

❖**コンセント**には，接地極が付いていないコンセントと，接地極付きのコンセントがあり，接地極付きコンセントには，接地用端子付きと，接地用端子なしがあります．

●接地極付きのものは，プラグ差込時に接地極の刃が，他の刃より早く接触し，プラグを抜く時は他の刃より遅く開路する構造になっています．

38 コンセントは負荷の種類・用途に応じて選ぶ

コンセントの種類

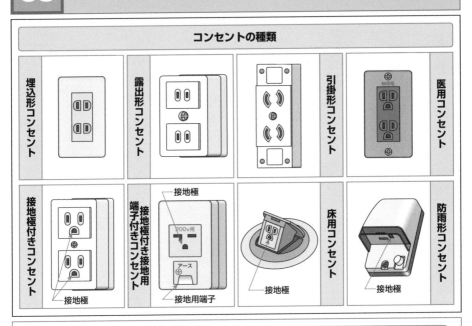

埋込形コンセント	露出形コンセント	引掛形コンセント	医用コンセント
接地極付きコンセント	端子付き接地用接地極付きコンセント	床用コンセント	防雨形コンセント

（接地極付きコンセント）接地極／接地極

（端子付き接地用接地極付きコンセント）接地極／接地用端子／200v用／アース

（床用コンセント）接地極

（防雨形コンセント）接地極

コンセントの選定

❖ 一般に使用するコンセントは，埋込形コンセントが多く採用されています．

● 20A配線用遮断器で保護される分岐回路に接続されるコンセントは，15Aコンセント，20Aコンセントが用いられます．

● 湯沸器，厨房機器など，容量の大きい機器に接続するコンセントは，容量に適した専用のコンセントを使用します．

● コンピュータ電源などのように抜けると困る機器には，引掛形などのコンセントを使用します．

● 病院や診療所などで医療用の電気器具を使用する場合には，医用コンセント（JIS T 1021）に適合するものを使用します（本体色：赤・緑）．
　　—医用コンセントは感電防止のため接地抵抗を低く抑え，強度，耐薬品性を強化している—

● 屋外で雨水などがかかる場所では，防水形コンセント（防雨形，防浸形）を使用します．

―接地極付きコンセントを使用する機器―

❖ 同一構内において，交流・直流・電圧・相・周波数など電気方式が異なる回路，また分岐回路の種類が異なる回路にコンセントを施設するときは，各コンセントは異なる用途のプラグが差し込まれるおそれがない構造のコンセントを選定し，誤差込みを防止します．

❖ 以下の機器および用途のコンセントは，接地極付きコンセントを使用します．

● 電気洗濯機，電子レンジ，電気冷蔵庫，電気衣類乾燥機，電気食器洗い機，電気冷暖房機，温水洗浄式便座，電気温水器，自動販売機

● 台所，厨房，洗面所，便所に施設のコンセント

● 医療用電気機械器具に使用する医用コンセント

● 住宅に施設する200V用のコンセント

● 単相3線式分岐回路に用いる100/200V併用コンセント

● 雨線外に施設するコンセント

39 コンセントの用途・定格・極配置

用途	極数	定格	極配置・接地極有無 なし	あり	コンセント刃受〔例〕
普通形コンセント（単相100V）	2	15A 125V		接地極	**＜単相100V（15A 125V）＞** ―接地極なし―
		20A 125V		接地極	
普通形コンセント（単相200V）	2	15A 250V		接地極	―接地極あり―
		20A 250V		接地極	
		20A 250V		接地極	
		30A 250V		接地極	
普通形コンセント（三相200V）	3	15A 250V / 20A 250V / 30A 250V		接地極	
引掛形コンセント（単相100V）	2	15A 125V		接地極	**＜単相100V（15A 125V）＞** ―接地極なし―
引掛形コンセント（単相200V）	2	15A 250V	―	接地極	
		20A 250V		接地極	
		30A 250V		接地極	
引掛形コンセント（三相200V）	3	20A 250V		接地極	―接地極あり―
		30A 250V	―		

普通形コンセント刃受（例）　単位：mm
接地側極　面取り　接地極
12.7　10.8以下　2.2±0.3　8.7±0.4　7±0.3　14.6以上
14.6以上　12.7　10.8以下　2.2±0.3　6.05以下　17.75以上　5.4±0.2　11.9　5.4±0.2

引掛形コンセント刃受（例）　単位：mm
刃受ポッチの中心位置　接地側極　R5.5±0.1　13°　10.4　7　5.6　8　31°　2.5
接地側極　18°　10.7　8.5　8.5　34°　16　36°　15.7　R8.6±0.15　2.5　10.9　14　18°　接地極

40 スイッチは電気回路の開閉を行う

住宅用スイッチの種類 —例—

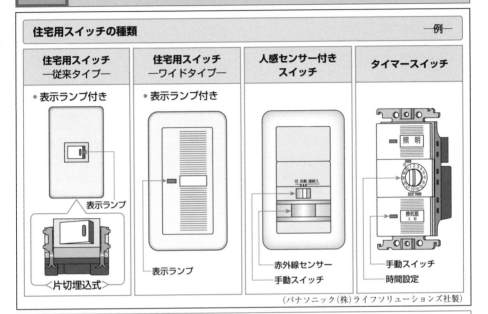

| 住宅用スイッチ —従来タイプ— | 住宅用スイッチ —ワイドタイプ— | 人感センサー付き スイッチ | タイマースイッチ |

● 表示ランプ付き

表示ランプ

<片切埋込式>

● 表示ランプ付き

表示ランプ

赤外線センサー
手動スイッチ

照明

換気扇

手動スイッチ
時間設定

(パナソニック(株)ライフソリューションズ社製)

住宅用スイッチにはいろいろな種類がある

✥スイッチとは，電気回路の開閉または接続の変更を行う器具をいいます．

<表示ランプ付きスイッチ>

● 表示ランプ付きスイッチとは，スイッチの内部に表示ランプを組み込んだスイッチをいいます．

● 表示ランプ付きスイッチには，スイッチが切れているときに，表示ランプが点灯しているものと，スイッチが入っている状態で，表示ランプが点灯するものがあります．

<人感センサー付きスイッチ>

✥人感センサー付きスイッチとは，スイッチに内蔵されたセンサーが人体の発する赤外線(熱)を感知して，自動的にスイッチが入り，人がいなくなるとスイッチが自動的に切れます．

<タイマースイッチ>

✥タイマースイッチとは，設定時間が経過すると自動的に開くスイッチをいいます．

<片切スイッチ> —次ページ上欄参照—

✥片切スイッチとは，単極単投に用い，1か所の負荷を1か所で開閉するスイッチをいいます．

● 片切スイッチは，単相100Vの電源配線の2本のうち電圧線だけを入切するスイッチで，接地されている中性線は対地電圧が0Vなので，感電のおそれがなく切らなくてもよいのです．

● 片切スイッチは，一般住宅の単相3線式100V回路に使われています．

<両切スイッチ> —次ページ上欄参照—

✥両切スイッチとは，2極単投に用い，1か所の負荷を2か所で同時に開閉するスイッチです．

● 両切スイッチは，単相3線式200V回路に使用され，2本の電源配線はともに電圧100Vがかかっているので，片方を切ると負荷には電流が流れませんが，器具には電圧がかかっているので，感電防止のため両方の電圧線を切るのです．

41 住宅用スイッチの配線のしかた

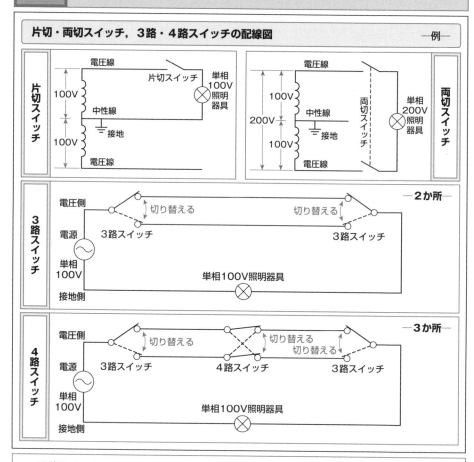

片切・両切スイッチ，3路・4路スイッチの配線図　　　　　　　　―例―

＜3路スイッチ＞

✛ **3路スイッチ**とは，単極切替えに用い，1か所の負荷（例：電灯）を2か所から開閉操作するスイッチをいいます．

　―3路スイッチを用いて負荷（例：電灯）を点滅する場合の切替えは，同極切替えとします―

● 3路スイッチは，階段の照明を上階と下階から入切する場合，また廊下や通路の両端，そして出入口が2か所ある部屋などに設けられ，どちらからでも入切できるようにします．

＜4路スイッチ＞

✛ **4路スイッチ**とは，単極切替えに用い，3路スイッチを組み合わせることによって，複数の箇所から1か所の負荷（例：電灯）を開閉操作するスイッチをいいます．

　―4路スイッチを用いて負荷（例：電灯）を点滅する場合の切替えは，同極切替えとします―

42 スイッチとコンセントの施設のしかた

スイッチとコンセントの取付け方 ——例：扉入口・柱・床——

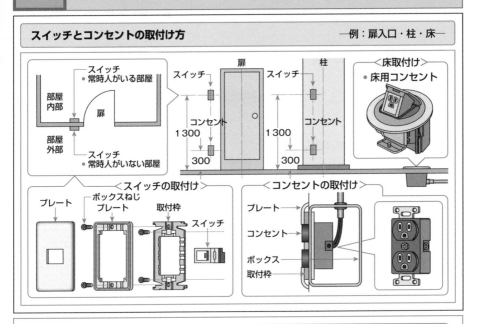

スイッチの施設のしかた

❖スイッチは，通常床上1.2～1.3m程度の高さに取り付けます．

❖常時，その部屋に人がいて必要に応じてスイッチを入切する場合は，部屋の内側にスイッチを設けます(例：事務室，応接室，居間)．

● 常時人がいない部屋で入るときにスイッチを入れ，出るときに切る場合は，部屋の外側にスイッチを設けます(例：倉庫，便所，浴室)．

● 入口付近にスイッチを取り付ける場合，入口扉を開いたとき，扉の陰に隠れない位置とします．

❖埋込形スイッチは，金属製または難燃性絶縁物のボックスに収めて施設します．

❖露出形スイッチは，柱などの耐久性のある造営材に堅固に取り付けます．

● 柱取付けのスイッチは，間仕切りに支障のないように柱心を避けて取り付けます．

❖スイッチは電路の電圧側配線に施設します．

コンセントの施設のしかた

❖コンセントの取付けは，事務所では床上0.3m程度，和室では0.15m程度，厨房など台のある場合は台上0.1～0.3m程度の高さに施設します．

❖埋込形コンセントは，金属製または難燃性絶縁物のボックスの内部に収めて施設します．

❖露出形コンセントは，柱などの耐久性のある造営材に堅固に取り付けます．

● 柱取付けのコンセントは，間仕切りに支障のないように柱心を避けて取り付けます．

❖コンセントを床に取り付ける場合は，フロアボックスまたはアウトレットボックスなどの内部に収めて施設します．

● 住宅の居室など乾燥した床材に取り付ける場合は，ふた付きプレートを備えた床用コンセント(埋込形)を用います．

❖コンセントは，電路の電圧側配線に施設します．

141

8 電灯・コンセント設備の設計図の種類と図記号

43 電灯・コンセント設備の設計図の種類

電灯・コンセント設備の平面配線図 —例—

設計図には平面配線図・断面図・詳細図・結線図・機器詳細図などがある

❖**電灯・コンセント設備**とは，分電盤，照明器具，コンセント，スイッチ(点滅器)などの機器および配管・配線をいいます．

❖電灯・コンセント設備の**設計図**とは，分電盤，照明器具，コンセント，スイッチなどの機器の配置，機器の仕様，個数，取付け状態などについて，設計者の意図を示した図面をいいます．

❖電灯・コンセント設備の設計図には，平面配線図，断面図，詳細図，結線図，機器詳細図などがあります(次ページ参照)．

●**平面配線図**とは，建築平面図に分電盤，照明器具，コンセント，スイッチなどの位置を示し，それらの機器の種類や定格，機器相互間の配線を図記号を用いて記載した図面をいいます．

●**断面図**とは，たとえば階段部分などでは下の階から上の階へと続いているので，平面図だけでは表し難いことから，階段のある断面を想定して図面をつくり，そこに照明器具，コンセント，スイッチなどを記載した図面をいいます．

●**詳細図**とは，照明器具，コンセント，スイッチなどの機器類が多く，配線が複雑なため，平面配線図では明確に表現できない部分を，拡大して詳しく記載した図面をいいます．

●**結線図**とは，たとえば平面配線図では，分電盤の位置と配線関係は表現できますが，分電盤の中の分岐回路や開閉器の定格などは表現できないので，これらの事項を図記号を用いて表した図面(例：分電盤結線図)をいいます．

44 電灯・コンセント設備の断面図・結線図・機器詳細図

断面図 ——例：階段断面図——

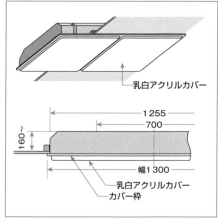

結線図 ——例：分電盤結線図——

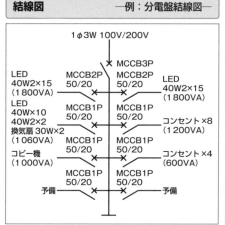

1φ3W 100V/200V
MCCB3P

LED 40W2×15 (1 800VA)　MCCB2P 50/20　MCCB2P 50/20　LED 40W2×15 (1 800VA)

LED 40W×10 40W2×2 換気扇 30W×2 (1 060VA)　MCCB1P 50/20　MCCB1P 50/20　コンセント×8 (1 200VA)

コピー機 (1 000VA)　MCCB1P 50/20　MCCB1P 50/20　コンセント×4 (600VA)

予備　MCCB1P 50/20　MCCB1P 50/20　予備

機器詳細図 ——例：照明器具姿図——

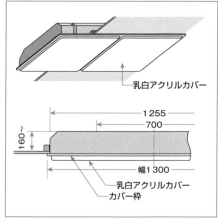

乳白アクリルカバー

1 255
700
160〜
幅1 300
乳白アクリルカバー
カバー枠

機器詳細図 ——例：分電盤構造図——

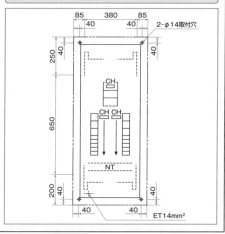

❖ **機器詳細図**とは，機器の構造図，姿図，製作図などの総称をいいます．

● 分電盤は，取付け場所によって露出型・埋込型・半埋込型など構造が異なるので，寸法・構造・仕様を明示した構造図が必要です．

● 特殊な照明器具などは，姿図を作り，形式記号，寸法，構造，仕様を明示する必要があります．

❖ 電灯・コンセント設備の設計図を作成するに当たり，誰でも書かれた内容が読み取れるよう，記載する図記号は，JIS C 0303 に規定されている"**構内電気設備の配線用図記号**"を使用するとよいです（145 〜 147 ページ参照）．

45 電灯・コンセント設備の配線図

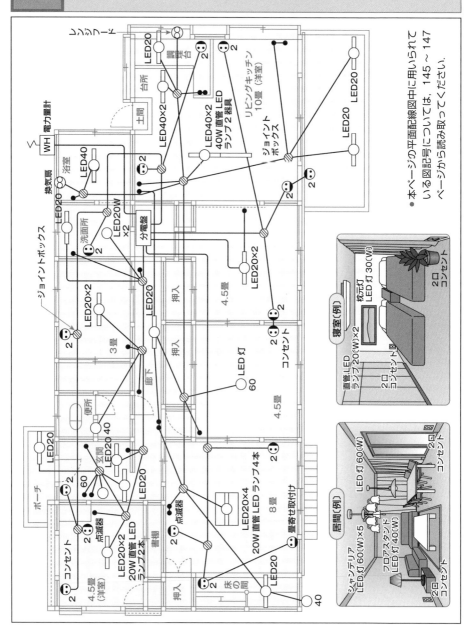

* 本ページの平面配線図中に用いられている図記号については、145～147ページから読み取ってください。

寝室（例）

枕元灯 LED灯 30(W)

2口コンセント

直管LEDランプ20(W)×2

2口コンセント

居間（例）

LED灯 60(W)

2口コンセント

シャンデリア LED灯 60(W)×5

フロアスタンド LED灯 40(W)

2口コンセント

46 照明器具の図記号

図記号	照明器具の名称	図記号	照明器具の名称
（1） （2）	**天井直付型蛍光灯** （1）ボックス付き天井直付型蛍光灯 （2）ボックスなし天井直付型蛍光灯	（1） （2）	**白熱灯** （1）白熱灯（一般） （2）ペンダント（白熱灯）
（1） （2）W	**壁付き蛍光灯** （1）壁付きは壁側を塗る （2）壁付きはWを傍記してもよい	（1）CH （2）DL	**シャンデリア・ダウンライト** （1）シャンデリア （CH：Chandelier） （2）ダウンライト （DL：Down Light）
床付き蛍光灯 F	・床付きはFを傍記してもよい	（1）CL （2） （3）（ ）	**シーリング** （1）シーリング（天井直付け） （2）引掛シーリングだけ（丸） （3）引掛シーリングだけ（角） ・CL：Ceiling Light
（1） （2）	**非常用照明** （1）蛍光灯による非常用照明 （2）白熱灯による非常用照明 ・建築基準法によるもの	（1） （2）W	**壁付き白熱灯** （1）壁付きは壁側を塗る （2）壁付きはWを傍記してもよい
（1） （2）	**誘導灯** （1）蛍光灯による誘導灯 （2）白熱灯による誘導灯 ・消防法によるもの	F	**床付き白熱灯** ・床付きはFを傍記してもよい
（1）W （2）W	**壁付き誘導灯** ・壁付きはWを傍記してもよい （1）蛍光灯の壁付き誘導灯 （2）白熱灯の壁付き誘導灯 ・消防法によるもの	（1）H （2）M	**水銀灯・メタルハライド灯** （1）水銀灯（Hを傍記する） （2）メタルハライド灯 （Mを傍記する）
（1）F （2）F	**床付き誘導灯** ・床付きはFを傍記してもよい （1）蛍光灯の床付き誘導灯 （2）白熱灯の床付き誘導灯 ・消防法によるもの	（1） （2）	**屋外灯** （1）屋外灯 （2）自動点滅器付き屋外灯

145

47 コンセントの図記号

図記号	コンセントの名称	図記号	コンセントの名称
(1) (2)	**天井取付けコンセント** (1)一般形天井取付けコンセント (2)ワイド形天井取付けコンセント	(1) (2)	**引掛形壁付きコンセント** (1)引掛形壁付き一般形コンセント (2)引掛形壁付きワイド形コンセント • T：Twist
	床面取付けコンセント • 床面に収納できるコンセント • 2は口数を示す	(1) (2)	**接地極付き壁付きコンセント** (1)接地極付き壁付き一般形コンセント (2)接地極付き壁付きワイド形コンセント • E：Earth
(1) (2)	**壁付き一般形コンセント** • 壁付きは壁面を塗る • 壁付き一般形コンセントは，(1)のほか，(2)で示してもよい	(1) (2)	**接地端子付き壁付きコンセント** (1)接地端子付き壁付き一般形コンセント (2)接地端子付き壁付きワイド形コンセント • ET：Earth Terminal
(1) (2)	**壁付きワイド形コンセント** • 壁付きは壁面を塗る • 壁付きワイド形コンセントは(1)のほか，(2)で示してもよい	(1) (2)	**接地極付き接地端子付き壁付きコンセント** (1)接地極付き接地端子付き壁付き一般形コンセント (2)接地極付き接地端子付き壁付きワイド形コンセント • EET：Earth Earth Terminal
(1) (2)	**2口壁付きコンセント** • 2口以上は口数を傍記する (1)2口壁付き一般形コンセント (2)2口壁付きワイド形コンセント		**防雨形壁付きコンセント** • 防雨形壁付き一般形コンセント • WP：Weather Proof
(1) (2)	**3極壁付きコンセント** • 3極以上は極数を傍記する (1)3極壁付き一般形コンセント (2)3極壁付きワイド形コンセント		**医用壁付きコンセント** • 医用壁付き一般形コンセント • 医用はHを傍記する
(1) (2)	**抜け止め形壁付きコンセント** (1)抜け止め形一般形コンセント (2)抜け止め形ワイド形コンセント • LK：Lock	(1) (2)	**非常用コンセント** • 非常用コンセントは(1)のほか，(2)で示してもよい • 消防法によるもの

48 スイッチとその他の図記号

図記号	スイッチの名称
(1) ●	**単極スイッチ**
(2) ◆	(1)一般形単極スイッチ (2)ワイドハンドル形単極スイッチ
(1) ●3　(2) ●4 (3) ◆3　(4) ◆4	**3路スイッチ・4路スイッチ** (1)一般形3路スイッチ (2)一般形4路スイッチ (3)ワイドハンドル形3路スイッチ (4)ワイドハンドル形4路スイッチ
(1) ●2P (2) ◆2P	**2極スイッチ** • 2極以上は極数を傍記する (1)2極一般形スイッチ (2)2極ワイドハンドル形スイッチ
(1) ●P	**プルスイッチ** • プルスイッチはPを傍記する (1)一般形プルスイッチ • P：Pull
(1) ●H (2) ◆H	**位置表示灯内蔵スイッチ** (1)一般形位置表示灯内蔵スイッチ (2)ワイドハンドル形位置表示灯内蔵スイッチ • 内蔵ランプでスイッチの位置表示
(1) ●L (2) ◆L	**確認表示灯内蔵スイッチ** (1)一般形確認表示灯内蔵スイッチ (2)ワイドハンドル形確認表示灯内蔵スイッチ • スイッチの入切をランプ点灯で確認
(1) ●T (2) ◆T	**タイマ付きスイッチ** • タイマ付きはTを傍記する (1)一般形タイマ付きスイッチ (2)ワイドハンドル形タイマ付きスイッチ

図記号	その他の機器の名称
(1) ◢ (2) ⊠	**分電盤・配電盤** (1)分電盤 (2)配電盤
(1) Ⓢ 2P30A f 30A (2) Ⓢ(黒) 2P30A f 30A A5	**開閉器** (1)極数，定格電流，ヒューズ定格電流などを傍記する (2)電流計付きは，電流計の定格電流を傍記する
(1) Ⓑ 3P 225AF 150A (2) Ⓢ MCCB	**配線用遮断器** (1)極数，フレームの大きさ，定格電流などを傍記する (2)図記号Ⓑは Ⓢ MCCB としてもよい
(1) Ⓔ 2P 30AF 15A 30mA (2) Ⓢ ELCB	**漏電遮断器** (1)過電流保護付きは，極数，フレームの大きさ，定格電流，定格感度電流などを傍記する (2)図記号Ⓔは Ⓢ ELCB としてもよい
(1) Ⓦⓗ　(2) ⓌⒽ (3) ▣Wh	**電力量計** (1)必要に応じ電気方式，電圧，電流などを傍記する (1)の図記号は(2)としてもよい (3)箱入りまたはフード付きを示す
(1) ∞ (2) ▭	**換気扇** (1)必要に応じて種類および大きさを傍記する (2)天井付き換気扇を示す
(1) RC I (2) RC O	**ルームエアコン** (1)屋内ルームエアコンはI (In)を傍記する (2)屋外ルームエアコンはO (Out)を傍記する

147

9 電灯・コンセント設備の設計図・施工図の作成手順

49 設計図を基に施工図を作成する

電灯設備の設計図から施工図を作成する　　　―例―

施工図では建築の通り心を基準として器具の取付け寸法を記入する

❖電灯・コンセント設備の図面には，設計図のほかに施工図があります．
● 設計図が電灯・コンセント設備の内容を示すために作成された図面なのに対して，**施工図**は，その部屋に電灯・コンセントなどの器具や配管・配線をどのように設置するかを示す図面です．
❖施工図では，平面の寄り寸法，取付け高さを正確に記入することが大切です．
● 施工図の最終仕上げ作業としての寸法は，通常建築の通り心を基準とし，そこからいくらの寸法の位置にあるかを記入します．
● 通り心には縦と横があり，それらの縦・横の通り心を基準に，器具までの寸法を記入することによって，平面上の位置が決まるので，正しい位置に施工できます．

❖電灯・コンセント設備の施工図では，天井面に取り付ける照明器具，そして壁面に取り付ける配線器具などの取付け寸法を正確に記入します．
● たとえば，照明器具は，器具のアウトレットボックスおよび吊りボルト用インサートの位置をスラブ上に墨出しできるように縦と横の通り心からの寸法を記入します．
● **アウトレットボックス**とは，電線やケーブルの配線工事で配線の分岐，接続などに用いる鋼製またはプラスチック製のボックスです．
● **インサート**とは，生コンクリートを流し込む前に，型枠に装着しておくネジ埋込みアンカーの総称です．

50 電灯・コンセント設備の平面配線図作成手順

照明器具，スイッチ・コンセントの配置

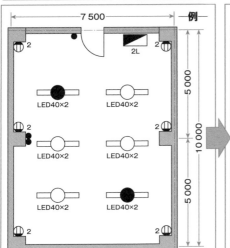

照明器具，スイッチ・コンセントへの配線

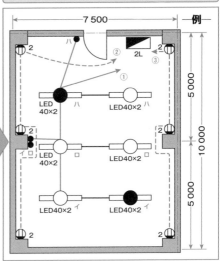

電灯・コンセント設備の平面配線図は各構成器具の図記号で表示する

❖電灯・コンセント設備の設計図は，建築平面図を基に建物の通り心，柱，壁，扉，窓などの主な部分を記載して平面図を作成します.

● 作成した平面図に照明器具の配置を記載し，スイッチおよびコンセントの位置を，照明器具と同一平面図上に書きます.

● 照明器具，スイッチ・コンセントの配線は分電盤の1分岐回路ごとに線で結び，分電盤へ矢印をもって分岐回路の番号を付して表示します.

❖照明器具の直管LEDランプの図記号は ⌀ですが，◯はアウトレットボックスを表します.

● 1個のアウトレットボックスで数台の直管LEDランプを連結する場合は，アウトレットボックスの位置により ⌀ や ⌀ のように表します.

● 直管LEDランプの容量（ワット数）や本数は，図記号の近くにワット（W）×灯数を傍記します.

● 直管LEDランプ非常用照明は ⌀ で表します.

❖照明器具の白熱灯は◯で表し，容量，灯数を示す場合はワット（W）×灯数を傍記します.

● たとえば◯$_{100×2}$は，100Wの白熱灯2灯です.

❖スイッチの図記号は，一般形が●で，ワイドハンドル形が◆です.

● 一つの部屋にスイッチが複数ある場合，スイッチがどの照明器具を点滅させるかがわかるように，スイッチと照明器具のそれぞれに英文字，数字以外の片仮名（ア，イ，ウ…順またはイ，ロ，ハ…順）を傍記するとよいです.

❖コンセントの図記号は，一般形が〇で，ワイドハンドル形が〇ですが，〇，〇で示してもよく，2口以上の場合は，口数を傍記します.

❖分電盤の図記号は ◼ で表し，◼$_{2L}$の2は2階，Lは分電盤を示します.

51　平面配線図の器具への配線表示のしかた

配線に電線の種類・太さ・本数記入

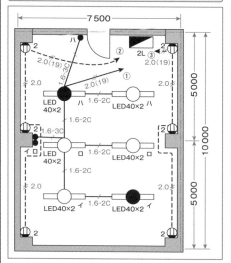

電線の記号と配線の図記号

電線の記号	電線の名称
IV	● 600 V ビニル絶縁電線
VVF	● 600 V ビニル絶縁ビニルシースケーブル（平形）

配線の図記号	配線の名称
————	● 天井隠ぺい配線 天井隠ぺい配線のうち天井ふところ内配線を区別する場合は，天井ふところ内配線に——‐—を用いてもよい．
— — —	● 床隠ぺい配線 床面露出配線および二重床内配線の図記号は————を用いてもよい．
--------	● 露出電線

配線の図記号と電線の種類・太さ・本数の表示のしかた

✣電灯・コンセント設備平面配線図の配置が完了して器具への配線を書く順序は，特に決められてはいませんが，一般に次のように行います．

● 照明器具相互間の配線は，各照明器具のアウトレットボックス間を最短距離で結ぶのを原則とし，天井隠ぺい配線を行う場合は，実線————で記します．

● 照明器具からスイッチまでの配線は，照明器具のアウトレットボックスとスイッチを天井隠ぺい配線で行う場合は，実線————で記します．

● 照明器具から分電盤までの配線を天井スラブに打ち込まれた電線管に IV 入線工事とするには，照明器具の第1アウトレットボックスから分電盤の方向に矢印を付した実線————を記せば，分電盤まで配管配線することを示します．

● コンセント相互間の配線は，床隠ぺい配線となるので破線-----で記します．

● コンセントから分電盤までの配線も床隠ぺい配線となるので矢印を付した破線-----で記せば，分電盤まで配管配線することを示します．

✣使用する電線は，特殊な場合を除いて IV または VVF を使用します．

● 電線に IV を使用する場合は特記せず，たとえば $\frac{\#}{1.6}$ は IV1.6mm 2 本の配線を示します．

● 電線が VVF の場合 $\overline{1.6-2C}$ と書くと，VVF 1.6mm 2 心を 1 本配線することを示します．

✣金属管工事に使用する電線管が，薄鋼電線管ならば，管の外径の近似値（奇数）で示し，厚鋼電線管なら管の内径の近似値（偶数）とし，ねじなし電線管なら数値の前に E を付します．

● VVF1.6mm 2 本を 19mm 薄鋼電線管に入線する場合は $\overline{1.6-2C(19)}$ と記します．

✣照明器具・スイッチ，コンセント配線の回路番号は，分電盤への配線矢印の近傍に記します．

52 電灯・コンセント設備の平面配線図（設計図）

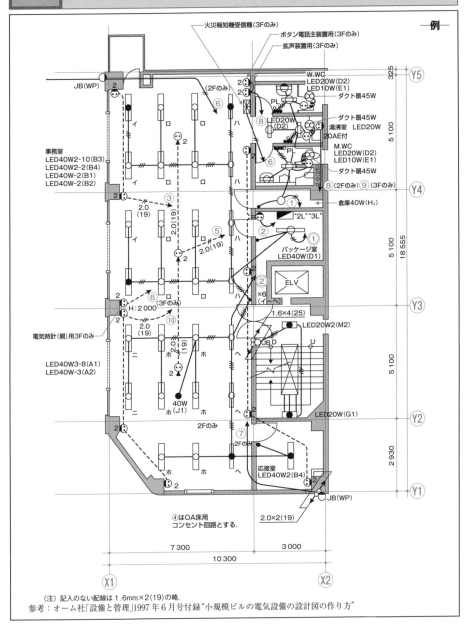

53 電灯・コンセント設備の施工図作成手順

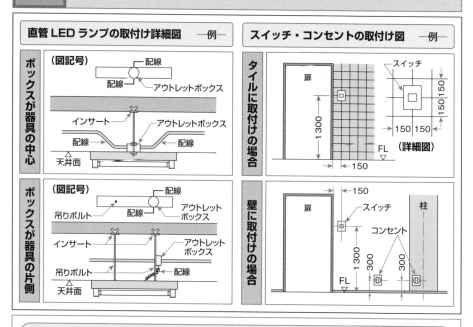

直管LEDランプの取付け詳細図 —例—

ボックスが器具の中心

（図記号）
配線
配線
アウトレットボックス

インサート
アウトレットボックス
配線
配線
天井面

ボックスが器具の片側

（図記号）
配線
吊りボルト
配線
アウトレットボックス

インサート
アウトレットボックス
吊りボルト
配線
天井面

スイッチ・コンセントの取付け図 —例—

タイルに取付けの場合

扉
スイッチ
150／150
1 300
150／150
FL （詳細図）
150

壁に取付けの場合

150
扉
スイッチ
コンセント
柱
1 300
300
300
FL

照明器具，スイッチ・コンセントの施工図への記載方法

- ❖直管LEDランプなどの照明器具の施工図への記載は，図記号によりますが，基本的には実物寸法を縮尺に合わせるとよいでしょう．
- ●直管LEDランプの灯数が1本では⊏○⊐，2本の場合は⊏￣⊐と表すとよいです．
- ❖直管LEDランプは，施工図にアウトレットボックスとインサート，吊りボルトの位置を記します．
- ●アウトレットボックスは，器具の中心に取り付ける場合と，器具の吊りボルトの位置の片側に取り付ける場合があります．
- ●片側に取り付ける場合は，アウトレットボックスの図記号○を片側に記し，他方のインサート，吊りボルトの位置に●または×印を記します．
- ❖壁に取り付けるスイッチは，扉の開口寸法，仕上がり寸法からの位置を施工図に記入します．
- ●スイッチの取付け位置は，建築の通り心からの寄り寸法のほかに，取付け高さを記載します．
- ●スイッチの取付け寸法は，一般に出入口扉の外枠外面からの寄り寸法150 mm，取付け高さは1 300 mmとするとよいでしょう．
- ●階段室のスイッチの取付け位置は，一般に階段室の入口付近とし，3路スイッチ，4路スイッチを用いて，各段から点滅する場合が多いです．
- ●浴室・トイレなどのタイルの壁にスイッチを取り付ける場合は，タイル割付け図からスイッチの中心線とタイル目地に合う寸法を記載します．
- ❖コンセントは，一般に床上300 mmとします．
- ●柱に取付けのコンセントは，将来，間仕切り壁が柱の中心にきても使えるように，柱心を避けて取り付けるとよいでしょう．
- ●床置型のファンコイルユニット用のコンセントは，電源の供給方法を検討し，床用コンセント，壁付きコンセントのいずれかがよいです．

54 照明器具・スイッチ，コンセント設備の施工図

照明器具・スイッチ設備の施工図 ——例——

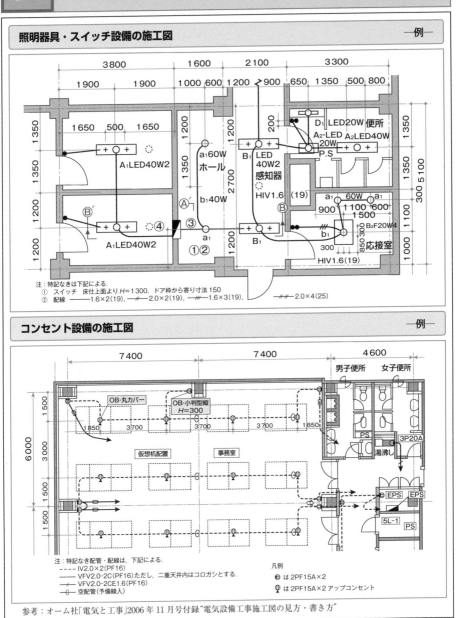

注：特記なきは下記による．
① スイッチ　床仕上面より H=1300，ドア枠から寄り寸法 150
② 配線　——1.6×2(19)，——/——2.0×2(19)，——///——1.6×3(19)，　——////——2.0×4(25)

コンセント設備の施工図 ——例——

注：特記なき配管・配線は，下記による．
----- IV2.0×2(PF16)
—— VFV2.0-2C(PF16)ただし，二重天井内はコロガシとする．
—— VFV2.0-2CE1.6(PF16)
—○— 空配管（予備線入）

凡例
⊖ は 2PF15A×2
⊖ は 2PF15A×2 アップコンセント

参考：オーム社「電気と工事」2006年11月号付録"電気設備工事施工図の見方・書き方"

153

10 電灯・コンセント設備の施工のしかた

55 コンセント取付け工事の施工のしかた

埋込形コンセントの取付け ——例——

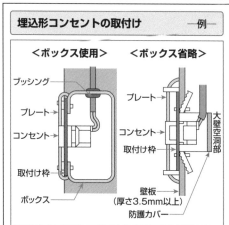

フロアコンセントの取付け ——例——

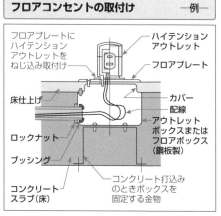

埋込形コンセント・フロアコンセントの取付け工事 ——例——

❖住宅や事務所では，埋込形コンセントを壁に埋め込んで施設する方法が一般的ですが，フロアコンセントを床面に設けることもあります．

●埋込形コンセントには，1口，2口のものと，連用形コンセントがありますが，住宅や事務所では，2口コンセントが多く用いられています．

❖一般に埋込形コンセントは壁内にボックスを設け，そのボックス内にコンセントを施設します．

●埋込形コンセントを収めるボックスには，金属製と合成樹脂製があり，配線が金属管配線の場合は金属製を使用し，合成樹脂管配線では合成樹脂製を，またビニル外装ケーブル配線では金属製か合成樹脂製を使用するとよいでしょう．

●ボックスは，使用場所や目的により，スイッチ

ボックス，アウトレットボックスを使用します．

❖壁の構造が大壁で中が空洞となっている場合は，ボックスを省略することができます．

●この場合，コンセントは端子などの充電部を露出しない難燃性絶縁物の外箱があるものとし，取付部分の壁厚は3.5mm以上を必要とします．

❖コンセントを床に取り付ける場合のフロアコンセントは，フロアボックスもしくはアウトレットボックスの内部に収めるか，またはこれらのボックスの表面プレートにねじ込んで取り付ける構造のコンセントを使用します．

●フロアコンセントの配線は，木造床では金属管・合成樹脂管・ビニル外装ケーブル配線が，コンクリート床では金属管配線が多いといえます．

56 直付け・チェーンによる照明器具の取付け

直付け照明器具の取付け　　　　　—例—

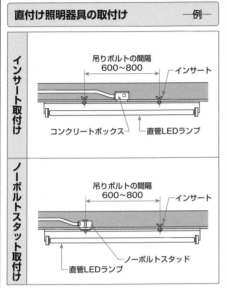

インサート取付け

吊りボルトの間隔
600〜800

インサート

コンクリートボックス　　直管LEDランプ

ノーボルトスタッド取付け

吊りボルトの間隔
600〜800

インサート

ノーボルトスタッド

直管LEDランプ

チェーンによる照明器具の取付け　　—例—

直管LEDランプの取付け

ノーボルトフィクスチュアスタッド
コンクリートスラブ
アウトレットボックス
金属管　　　ボルト　　アンカーボルト
平鉄　　　　ビス止め　　　　平鉄
ナット　　フランジ　　　三角環
吊下げチェーン
照明器具
直管LEDランプ

シャンデリアの取付け

振止め

チェーン

フランジ

アンカーボルト
は上部に埋め込
んでおく

シャンデリア

直付け・チェーンによる蛍光灯の取付け方法　　　　　　—シャンデリアの取付け—

❖コンクリート天井に照明器具を直付けする場合は，コンクリート打設時に吊りボルトのためのインサートを埋め込んでおきます．

❖天井内に埋込形照明器具を取り付ける場合，アウトレットボックス，プルボックスなどは，いつでも点検や電線の引替えができる位置に取り付けるとともに，金属管の支持やアースボンドなどを行い，ボックス内に電線を収めます．

❖チェーンペンダント，パイプペンダントで照明器具を取り付ける場合は，造営物を補強するか，木台，アウトレットボックスを使用するなどの方法により，器具の重量に十分耐えられるように施設します．

●金属管配線で照明器具をフランジからチェーン吊りする場合は，アウトレットボックスにノーボルトフィクスチュアスタッドを使用し，フランジの中で電線と器具線とを接続し，フランジ

を固定してからチェーンを吊ります．

●鉄筋コンクリート造のアパートなどでは，天井のコンクリートボックスまたはアウトレットボックス内に収まる埋込用ローゼットを使用し，ローゼット内で電線とコードを接続し，照明器具を吊下げチェーンで吊り下げます．

●シャンデリアの取付けは，チェーン吊りの大形の場合といえます．

❖住宅などで直付け照明器具を取り付ける引掛シーリングローゼットは，耐熱形とし，これをアウトレットボックスに施設時は金属製とします．

●引掛シーリングローゼットとは，照明器具に電源を供給するために，主に天井に設置される電源ソケットおよびプラグをいいます．

●引掛シーリングに接続する照明器具の重さが5kgを超える場合は，ローゼットの電気的接続部に荷重が加わらないようにします．

155

57 コード吊りによる照明器具の取付け

コード吊り照明器具の取付け ―例―

コンクリートスラブ
木台
電線管
ゴムブッシング
ローゼットまたは引掛シーリング
アウトレットボックス
60cm以下
VVFケーブル
コード
15cm以上
合成樹脂管
ナット(ハトメ)
天井板
竿線
飾り(ハトメ)
天井ハトメ
照明器具
コード

ブラケット・ダウンライトの取付け ―例―

ブラケットの取付け

電線管
ブラケット
アウトレットボックス
ゴムパッキン
塗りしろカバー

ダウンライトの取付け

VVFケーブル
端子台
ダウンライト
脱落防止金具

コード吊り照明器具とブラケット・ダウンライトの取付け方法

❖住宅でよく用いられる照明器具のコード吊りハトメ工法は，電線の接続部が隠ぺい場所にあるので，点検口のある二重天井内でのみ施設し，コードに特殊な補強がなされていない限り，照明器具の重さは3kg以下とします．

❖ダウンライトは，必ず端子台を備えたものとし，二重天井の天井材に付属金物で支持します．

❖ブラケットは，アウトレットボックスの上に木台をかぶせるように取り付け，塗りしろカバーに適合する金属製の取付け枠がある場合は，取付け枠に照明器具を直接取り付けます．

●重量のあるブラケットは，ノーボルトスタッドを使用して取り付けます．

❖二重天井内に照明器具を取り付ける場合は，前もってアウトレットボックスまたはコンクリートボックスを施設しておき，スラブ中に吊りボルト用インサートを埋め込んでおきます．

❖二重天井内で，屋内配線から分岐して照明器具に接続する配線は，ケーブル配線または金属製可とう電線配線とします(次ページ参照).

❖屋内配線との分岐点またはアウトレットボックスから照明器具電源引込み部分に至る配線の長さが30cm以下で，直接造営材に接触するおそれがないよう次のいずれかで施設する場合は，ケーブル配線または金属製可とう電線配線でなくてもよいとされています．

●照明器具口出線と屋内配線との接続を器具内部で行い，電線に弛みが生じないようアウトレットボックスまたは器具内で電線を支持する場合．

●屋内配線の分岐点，照明器具電源引込み部分，照明器具の大きさなどの相互の関係で器具取付け状態で配線が造営材に直接接触しない場合．

●他の点検口から造営材に接触しないように，配線を接続できる場合．

58 二重天井における照明器具の取付け図

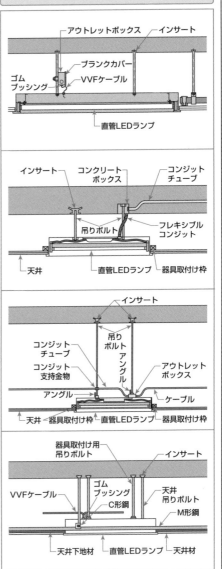

二重天井の直管 LED ランプ露出取付け（例）

インサート
アウトレットボックス
直管LEDランプ

インサート
アウトレットボックス
直管LEDランプ

インサート
器具取付け用ボルト
ハンガー
M形鋼
ケーブル
天井吊りボルト
C形鋼
天井下地材
ゴムブッシング
天井仕上材
直管LEDランプ

二種金属可とう電線管またはビニル外装ケーブル
吊り木受け
アウトレットボックス
吊り木
天井仕上材
野縁
天井下地材
直管LEDランプ

二重天井の直管 LED ランプ埋込取付け（例）

アウトレットボックス
インサート
ブランクカバー
ゴムブッシング
VVFケーブル
直管LEDランプ

インサート
コンクリートボックス
コンジットチューブ
吊りボルト
フレキシブルコンジット
天井
直管LEDランプ
器具取付け枠

インサート
吊りボルト
コンジットチューブ
アングル
コンジット支持金物
アウトレットボックス
アングル
ケーブル
天井
器具取付け枠
直管LEDランプ
器具取付け枠

器具取付け用吊りボルト
インサート
ゴムブッシング
天井吊りボルト
VVFケーブル
C形鋼
M形鋼
天井下地材
直管LEDランプ
天井材

157

59 分電盤取付け工事の施工のしかた

露出形分電盤の取付け図　　　　　　　　　　―コンクリート壁の場合―

露出配管による取付け図　　　　　　―例―

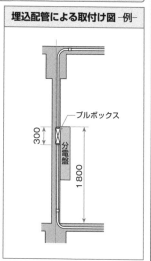

支持金物
□25×45

分電盤

アンカー
9mmφ×4

300～500
1 800
300～500

幹線用配管

分電盤

埋込配管による取付け図　―例―

プルボックス

300
1 800

分電盤

露出形分電盤・埋込形分電盤・自立形分電盤の取付け工事

❖ **分電盤**とは，分岐過電流遮断器および分岐開閉器を集合して取り付ける盤(主開閉器や引込口装置を取り付ける場合も含む)をいいます．

● 分電盤は，操作，保守，点検を容易にするため，一般に1800mm程度の高さに取り付けます．

● 電線管をキャビネットに接続する場合は，キャビネットの内面にロックナットおよびブッシングを完全に密着するように施工します．
　　―キャビネットとは分電盤を収める扉もしくは
　　　引戸付き金属製または合成樹脂製の箱―

❖ 分電盤には，露出形分電盤，埋込形分電盤，自立形分電盤があります(次ページ参照)．

❖ **露出形分電盤**の取付け場所には，コンクリート壁，ブロック壁，ALC(発泡コンクリート)壁などがあります(次ページ参照)．

● 露出形分電盤をコンクリート壁に取り付ける場合には，盤の重量に対して十分な保持力が得ら

れるようアンカーボルトを使用し，分電盤までの配管は露出配管または埋込配管とします．

● 露出形分電盤をブロック壁またはALC壁に取り付ける場合は，大型分電盤などはアンカーボルトでは十分な強度が得られない場合があるので，ブロック壁またはALC壁をボルトで貫通して平鉄などを用いて締め付けます．

❖ **埋込形分電盤**は，壁面と分電盤表面が同一平面上になるよう，またキャビネットと壁の間に隙間がないように施工します(次ページ参照)．

● 埋込形分電盤を壁面に埋め込んで取り付ける場合は，壁の背面に25mm程度の仕上げしろを見込むとともに，背面にラス網を張っておくとよいです．

❖ **自立形分電盤**は，100mm程度の基礎を設け，アンカーボルトで基礎に固定し，壁にはメカニカルアンカーボルトで取り付けるとよいです．

60 分電盤（露出形・埋込形・自立形）の取付け図

露出形分電盤（例）

ブロック壁の場合

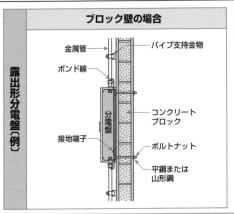

- 金属管
- ボンド線
- 分電盤
- 接地端子
- パイプ支持金物
- コンクリートブロック
- ボルトナット
- 平鋼または山形鋼

ALC壁の場合

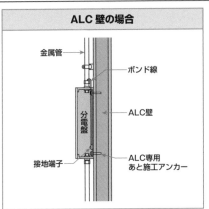

- 金属管
- 分電盤
- 接地端子
- ボンド線
- ALC壁
- ALC専用あと施工アンカー

埋込形分電盤（例）

ジョイントボックスあり

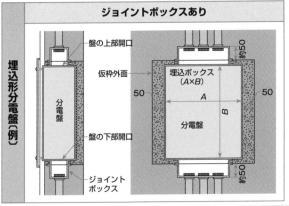

- 盤の上部開口
- 仮枠外面
- 分電盤
- 盤の下部開口
- ジョイントボックス
- 埋込ボックス（$A×B$）
- 約50
- 50
- A
- B
- 50
- 分電盤
- 約50

ジョイントボックスなし

- 150 以上
- ニップル
- ラス張り
- 仕上げしろ（25mm）
- プレート上端
- 分電盤の深さ（最低 120mm）
- 1800

自立形分電盤（例）

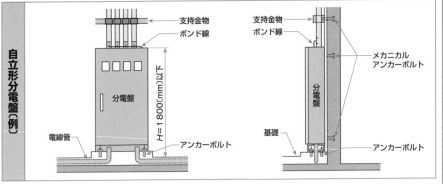

- 支持金物
- ボンド線
- 分電盤
- $H=1\,800$（mm）以下
- 電線管
- アンカーボルト

- 支持金物
- ボンド線
- 分電盤
- メカニカルアンカーボルト
- 基礎
- アンカーボルト

完全図解
発電・送配電・屋内配線設備早わかり ［改訂2版］ 索引

＜著者略歴＞

大浜　庄司（おおはま　しょうじ）

　昭和32年　東京電機大学工学部
　　　　　　電気工学科卒業
　現　　在　・オーエス総合技術研究所・所長
　　　　　　・認証機関・JIA-QA センター主任審査員
　資　　格　・IRCA 登録プリンシパル審査員（英国）

＜主な著書＞

完全図解 自家用電気設備の実務と保守早わかり

電気管理技術者の絵とき実務入門（改訂4版）

絵とき 自家用電気技術者実務読本（第5版）

絵とき 自家用電気技術者実務知識早わかり（改訂2版）

完全図解 空調・給排水衛生設備の基礎知識早わかり

完全図解 電気理論と電気回路の基礎知識早わかり

絵とき シーケンス制御読本-入門編-（改訂4版）

絵とき シーケンス制御読本-実用編-（改訂4版）

完全図解 シーケンス制御のすべて

絵で学ぶ ビルメンテナンス入門（改訂2版）

マンガで学ぶ 自家用電気設備の基礎知識

など（以上，オーム社）

- 本書の内容に関する質問は、オーム社ホームページの「サポート」から、「お問合せ」の「書籍に関するお問合せ」をご参照いただくか、または書状にてオーム社編集局宛にお願いします。お受けできる質問は本書で紹介した内容に限らせていただきます。なお、電話での質問にはお答えできませんので、あらかじめご了承ください。
- 万一、落丁・乱丁の場合は、送料当社負担でお取替えいたします。当社販売課宛にお送りください。
- 本書の一部の複写複製を希望される場合は、本書扉裏を参照してください。

JCOPY ＜出版者著作権管理機構 委託出版物＞

完全図解　発電・送配電・屋内配線設備早わかり（改訂2版）

2017 年 3 月 31 日　　第 1 版第 1 刷発行
2021 年 9 月 10 日　　改訂 2 版第 1 刷発行

著　者　　大浜庄司
発行者　　村上和夫
発行所　　株式会社 オーム社
　　　　　郵便番号　101-8460
　　　　　東京都千代田区神田錦町 3-1
　　　　　電話　03(3233)0641(代表)
　　　　　URL　https://www.ohmsha.co.jp/

© 大浜庄司 2021

組版　アトリエ渋谷　　印刷・製本　日経印刷
ISBN978-4-274-22753-0　Printed in Japan

本書の感想募集　https://www.ohmsha.co.jp/kansou/

本書をお読みになった感想を上記サイトまでお寄せください。
お寄せいただいた方には、抽選でプレゼントを差し上げます。

絵とき
自家用電気技術者
実務知識早わかり ［改訂2版］

大浜　庄司 著

　本書は，自家用電気技術者として，自家用高圧受電設備および電動機設備の保安に関して，初めて学習しようと志す人のための現場実務入門の書です．

　自家用高圧受電設備や電動機設備に関して体系的に習得できるように工夫され，また完全図解により，よりわかりやすく解説されています．

A5判・280ページ
定価3080円（本体2800円＋税）
ISBN 978-4-274-50438-9

[CONTENTS]

Ohmsha